Debbie Bliss

Liebevoll Stricken für Kinder

Debbie Bliss

Liebevoll Stricken für Kinder

Aus dem Englischen übersetzt von Susanne Mollien

rosenheimer

Für William, Eleanor und Pat

Titel der englischen Originalausgabe: „Bright Knits for Kids"

Übersetzung aus dem Englischen: Susanne Mollien, Mömbris
Fotos: Sandra Lousada
Dekorationen: Marie Willey
Illustrationen: Stephen Dew und Pentrix Design
Redaktion: Christa Weber, Bonn
Lithographie: Master Image, Singapur
Satz: CreativSatz, München
Druck und Bindung: Westermann Druck Zwickau

ISBN 3-475-52865-7

Inhalt

Vorwort

Dieses Buch ist ein Fest der Farben!

Wir stellen Ihnen über 25 Modelle vor: von Norwegermustern aus Baumwollgarn in peppigen Knallfarben bis hin zu kräftig koloriertem Schottenmuster, fein abgestimmten Gingham-Karos und Blumenmustern im Folklorestil.

Heute gibt es für Strickbegeisterte eine reiche Auswahl von herrlichen Garnen. Mit neuen Farben kann man sogar die Klassiker verändern – das vielgeliebte Aran-Muster wirkt in Türkis oder Lindgrün frisch und neu, und ein Guernsey-Muster bekommt neues Leben durch leuchtendes Rot. Buntstiftfarben stehen Kindern immer gut, aber man kann die Farbpalette erweitern – von dunklem Terrakotta und Goldtönen zu weichem Blau und sanftem Grün.

Für diejenigen, die Strickmodelle lieber mit Mustern als mit Farben gestalten, gibt es unterschiedliche Variationen und einige Zopfmuster. Wenn Sie sich Ihrer Norwegertechnik nicht mehr ganz sicher sind, versuchen Sie es einmal mit einem unkomplizierten Streifenmuster.

Unsere Modelle sind für die Altersgruppe von 0 – 6 Jahren gedacht, aber wir haben die Maßangaben bewußt großzügig gehalten. Kinder sollen sich in Handgestricktem wohl fühlen und sich frei und ungezwungen bewegen können. Für die meisten Modelle sind verschiedene Größen angegeben. Wählen Sie die passende aus.

Debbie Bliss

Die Kinder

Jacke mit
Perlmusterpasse
Seite 45

Pullover mit Seesternen

Seite 46

Peppiger Norwegerpullover

Seite 48

Pullover mit gezopften Rippen
Seite 49

Pullover mit Längsstreifen

Seite 50

Jacke mit Blumen- und Norwegermuster

Seite 51

Jacke im Patchworkstil
Seite 52

Rugby-Pullover
Seite 54

Norwegerjacke mit Schalkragen

Seite 55

Aran-Jacke

Seite 56

Jacke und Mütze mit Vögeln

Seite 58

Jacke mit Rosen

Seite 59

Pullover mit Guernsey-Mustern

Seite 60

Norwegerweste
Seite 62

Gestreifter Pullover
mit Matrosenkragen
Seite 63

Norwegerjacke
mit Mütze
Seite 64

Gingham-Jacke

 Seite 66

Cardigan mit Spitzenborten
Seite 67

Aran-Pullover mit Zöpfen und Noppen

Seite 68

Jacke mit Bordüren
Seite 69

Sternen-Pullover

Seite 70

Aran-Cardigan mit Schalkragen zum Binden

Seite 72

Strampelanzug
mit Baskenmütze

Seite 74

Norweger-Cardigan
mit Baskenmütze
Seite 75

Schuhe
Seite 77

Tulpenjacke
Seite 77

Pullover in strahlendem Weiß
Seite 78

So wird's gemacht

Allgemeine Hinweise

Strickmuster und Wolle:
Angaben für größere Größen stehen in runden ( ) Klammern. Steht nur eine einzige Zahlenangabe, gilt sie für alle Größen.

Ist eine Arbeitsanweisung mehrmals auszuführen, steht sie in eckigen [ ] Klammern; die Wiederholungszahl steht nach der Klammer.

Ebenso stehen die sich ergebenden Maschenzahlen in eckigen Klammern.

Bei der Angabe 0 werden für diese Größe keine Maschen oder Reihen gearbeitet.

Sofern nicht ausdrücklich anders angegeben, sind alle Anleitungen in diesem Buch ohne Randmaschen. Wenn Sie mit Randmaschen arbeiten wollen, rechnen Sie bitte zu der jeweiligen Anzahl der Maschen 2 hinzu.

Die angegebene Materialmenge wurde nach dem „Durchschnittsverbrauch" ermittelt und kann deswegen nur als Richtwert dienen.
Die folgende Beschreibung der verschiedenen Rowan-Garne ist als Leitfaden für Material und Fadenstärke gedacht (z. B. Baumwolle, Mohair, Wolle usw.). Bedenken Sie bitte, dass die Beschreibung der Fadenstärke nur die grobe Richtung angibt. Sie sollten mit jedem Material zuerst eine Maschenprobe stricken und sie mit der in der jeweiligen Strickanleitung angegebenen vergleichen.

Magpie Aran: mittelstarke Wolle; ca. 150 m pro 100 g, dickeres Schnellstrickgarn (100% Schurwolle)

Cotton Glace: dünneres Baumwollgarn; ca. 112 m pro 50 g, matt glänzend (100% Baumwolle)

Designer DK Wool: Sportwolle; ca. 115 m pro 50 g (100% Schurwolle)

Handknit DK Cotton: Mittelstarkes Baumwollgarn; ca. 85 m pro 50 g, matt glänzend (100% Baumwolle)

Lightweight DK: Dünnes Merinogarn; ca. 67,5 m pro 25 g (100% Schurwolle)

Wenn Sie Garne eines anderen Herstellers verwenden, ist nicht das Gewicht, sondern die Lauflänge maßgebend. Wenn Sie sich nicht ganz sicher sind, wird man Sie in Ihrem Wollgeschäft gewiss gerne beraten.

Maschenprobe:
Bei jedem Modell in diesem Buch ist eine Maschenprobe angegeben – die Anzahl von Maschen und Reihen pro 10 cm^2.

Mit dem angegebenen Garn und den angegebenen Nadeln stricken Sie im Hauptmuster eine Maschenprobe, die etwa 15 cm x 15 cm groß sein sollte. Schlagen Sie bitte 5–10 Maschen mehr an, als in der Maschenprobe angegeben. Die Maschenzahl richtet sich auch nach dem Muster. Streichen Sie die fertige Probe auf einer ebenen Fläche (Tisch) glatt und dehnen Sie sie nicht.

Die Maschen zählen Sie folgendermaßen: Legen Sie ein Lineal quer über das Strickstück und markieren Sie 10 cm mit Stecknadeln. Zählen Sie jetzt die Maschen zwischen den Stecknadeln.

Bei den Reihen verfahren Sie ähnlich: Legen Sie das Lineal nun längs und markieren Sie wieder 10 cm mit Stecknadeln. Zählen Sie die Reihen zwischen den Stecknadeln. Sie sollten mit dem angegebenen Garn und der vorgeschlagenen Nadelstärke die Werte der Maschenprobe exakt erreichen. Die vorgeschlagene Nadelstärke ist ein Richtwert – wenn Sie sehr locker oder sehr fest stricken, werden Sie eine andere Nadelstärke brauchen.

Wenn Ihre Maschen- bzw. Reihenzahl größer ist, versuchen Sie es mit dünneren Nadeln noch einmal; im umgekehrten Fall verwenden Sie dickere Nadeln.

Die angegebenen Nadelstärken können Sie sicher im gut sortierten Fachhandel erhalten; falls nicht, nehmen Sie je nachdem, ob Sie eher fest oder locker stricken, ¼ Nadelstärke weniger oder mehr.

Die Maschenprobe ist extrem wichtig. Sie ist die Basis, um ein gelungenes Kleidungsstück zu stricken. Bitte vergessen Sie nie, sie zu stricken und mit den angegebenen Werten zu vergleichen!

Verwendete Abkürzungen:
abk = abketten; **abh** = abheben; **arb** = arbeiten; **Fb** = Farbe; **Fh** = Faden hinter die Nadel; **Fv** = Faden vor die Nadel; **glatt re** = Hin-R re M, Rück-R li M; **li** = links; **M** = Masche; **Nr.** = Nummer; **R** = Reihe; **re** = rechts; **restl** = restliche; **seitl** = seitlich; **str** = stricken; **U** = Umschlag; **wdh** = wiederholen; **Z** = Zunahme von Maschen. Maschen werden immer re verschränkt aus dem Querfaden zugenommen: Der Querfaden wird als re verschränkte M auf die linke Nadel gelegt und abgestrickt; **zus** = zusammen; **zusstr** = zusammenstricken

Wichtig
Beachten Sie bitte die Waschanleitung für das Garn auf der Banderole. Nach dem Waschen ziehen Sie das Strickstück vorsichtig in Form und trocknen es liegend, vor direkter Hitzeeinwirkung geschützt.

Jacke mit Perlmusterpasse Seite 10

Material
8 (10) x 50g Rowan DK Handknit Cotton (mittelstarkes Baumwollgarn)
Stricknadeln Nr. 3¼ und 4
Häkelnadel
9 Knöpfe

Maße

Alter	3–4	5–6	Jahre
Jacken-Weite	83	89	cm
Länge	36	41	cm
Ärmellänge (innen)	30	34	cm

Maschenprobe
Mit Nadeln Nr. 4 glatt rechts gestrickt, ergeben 20 M und 28 R = 10 x 10 cm.

Abkürzungen
Siehe Seite 44.

Rückenteil
73 (79) M mit Nadeln Nr. 3¼ anschlagen.
1. Reihe: 1 M re, [1 M li, 1 M re] bis zum Ende. Diese Reihe bildet das Perlmuster. Wdh R 1 11-mal, in der letzten Rück-R 2 Maschen gleichmäßig verteilt zunehmen [75 (81) M]. Anschließend mit Nadeln Nr. 4 eine R re. Glatt re weiterstricken und in der 3. R und jeder 4. R beidseitig 1 M zunehmen, bis 83 (89) M auf der Nadel sind. Bis 18 (22) cm Gesamthöhe weiterstricken; die letzte Reihe ist eine Rückreihe (li M).

Armausschnitt
4 M am Anfang der nächsten 2 R [75 (81) M] abketten. Glatt re weiterstricken, bis das Rückenteil 25 (29) cm misst. Die letzte R ist eine Rück-R (li M).
Nun im Perlmuster weiterarbeiten, bis das Rückenteil 36 (41) cm lang ist. Die letzte Reihe ist eine Rück-R.

Schulterabnahme
13 (14) M am Anfang der nächsten zwei R abnehmen und 12 (13) M bei den darauf folgenden beiden R. Die verbleibenden 25 (27) M auf einer Hilfsnadel stilllegen.

Linkes Vorderteil
37 (41) M mit Nadeln Nr. 3¼ anschlagen. 12 R im Perlmuster stricken, wie für das Bündchen des Rückenteils. In der letzten Reihe gleichmäßig verteilt 2 M zunehmen [39 (43) M].
Nächste Reihe: Mit Nadeln Nr. 4 re stricken, bis zu den letzten 6 M. Diese M werden im Perlmuster gearbeitet.
Nächste Reihe: 6 M Perlmuster, dann bis zum Ende der R li M stricken.
In dieser Mustereinteilung weiterarbeiten, dabei in der folgenden R 1 M am Rand zunehmen und jede 2. R 1 M, bis 43 (47) M auf der Nadel sind. Bis zu den Armausschnitten weiterarbeiten, wie beim Rückenteil angegeben. Die letzte R ist eine Rück-R.

Armausschnitt
4 M am Anfang der nächsten R abketten [39 (43) M]. Weiterarbeiten, bis das Vorderteil 25 (29) cm lang ist. Die letzte R ist eine Rück-R. Jetzt die Arbeit über alle M im Perlmuster fortsetzen bis zu einer Gesamtlänge von 29 (34) cm.

Halsausschnitt
Nächste Reihe: im Perlmuster bis zu den letzten 6 M stricken. Diese Maschen dann auf einer Sicherheitsnadel stilllegen.
An der Halsseite je 1 M in den nächsten 5 R abnehmen, dann in jeder 2. R, bis 25 (27) M auf der Nadel sind. Weiterarbeiten, bis das Vorderteil 36 (41) cm lang ist.

Schulterabnahme
13 (14) M am Anfang der nächsten Reihe abketten. 1 R stricken. Die verbleibenden 12 (13) M abketten. Kennzeichnen Sie auf der Blende des Vorderteils die Position der 5 Knöpfe: den ersten nach 6 R vom unteren Ende, den letzten ca. 1 cm unterhalb des Halsausschnittes. Die restlichen drei Knöpfe verteilen Sie gleichmäßig dazwischen.

Rechtes Vorderteil
37 (41) M mit Nadeln Nr. 3¼ anschlagen. 6 R im Perlmuster stricken, wie für das Bündchen des Rückenteils.
Knopfloch-R (rechter Rand): 2 M Perlmuster, 2 M re zusstr, U, Perlmuster bis zum Ende der R. Nach dieser R 5 R Perlmuster stricken; in der letzten R gleichmäßig verteilt 2 M zunehmen.
Nächste Reihe: Mit Nadeln Nr. 4 6 M Perlmuster, re bis zum Ende der R.
Nächste Reihe: Li bis zu den letzten 6 M. Diese Maschen werden im Perlmuster gearbeitet.
Gegengleich zum linken Vorderteil beenden, die Knopflöcher, wie oben beschrieben, in Höhe der markierten Stellen des linken Vorderteils einarbeiten.

Ärmel
35 (39) M mit Nadeln Nr. 3¼ anschlagen.
11 R Perlmuster stricken, wie für das Bündchen des Rückenteils.
Zunahme-R: 3 (5) M Perlmuster, [Z 1, 4 M re]. Bis zu den letzten 4 (6) M weiterstricken, Z 1, 4 (6) M Perlmuster [43 (47) M].
Mit Nadeln Nr. 4 glatt re weiterarbeiten und am Ende und Anfang der 3. R und jeder folgenden 4. R 1 M zunehmen, bis 75 (79) M auf der Nadel sind. Bei einer Gesamtlänge von 30 (34) cm wird der Ärmel abgekettet. Die letzte R ist eine Rück-R.

Kragen
Schultern zusammennähen. Auf der Vorderseite der Arbeit mit Nadeln Nr. 4 die 6 stillgelegten M der rechten Vorderseite aufnehmen, 21 (24) M aus dem Halsausschnitt aufnehmen und re abstricken. Für den rückwärtigen Halsausschnitt: [2 M re, die nächste M 2-mal re abstricken] 8-mal, 1 (3) M re. Aus dem linken Halsausschnitt 21 (24) M aufnehmen, re abstricken, die Maschen auf der Sicherheitsnadel im Perlmuster arbeiten [87 (95) M].
Nächste Reihe: 8 M Perlmuster, 71 (79) re, 8 M Perlmuster.
Nächste Reihe: 4 M abketten, das Perlmuster um 3 M erweitern, 57 (62) M li, wenden.
Nächste Reihe: 43 (45) M re, wenden.
Nächste Reihe: 46 (48) M li, wenden.
Nächste Reihe: 49 (51) M re, wenden.
Fahren Sie auf diese Weise fort und erweitern Sie bei den folgenden 6 (8) R die Maschenzahl am Ende jeweils um 3 M, wenden Sie die Arbeit und stricken Sie li bis zu den letzten 8 M, 8 M Perlmuster.
Nächste Reihe: 4 M abketten, das Perlmuster um 3 M erweitern, bis zu den letzten 4 M re stricken, 4 M Perlmuster [79 (87) M].
Nächste Reihe: 4 M Perlmuster, li bis zu den letzten 4 M, 4 M Perlmuster.
Nächste Reihe: 4 M Perlmuster, Z 1, re bis zu den letzten 4 M, Z1, 4 M Perlmuster.
Nächste Reihe: 4 M Perlmuster, li bis zu den letzten 4 M, 4 M Perlmuster.
Nächste Reihe: 4 M Perlmuster, re bis zu den letzten 4 M, 4 M Perlmuster.
Wdh Sie die letzten 4 R zweimal. Die folgenden 5 R arbeiten Sie im Perlmuster. Ketten Sie die M im Musterverlauf ab.

Jacke mit Perlmusterpasse

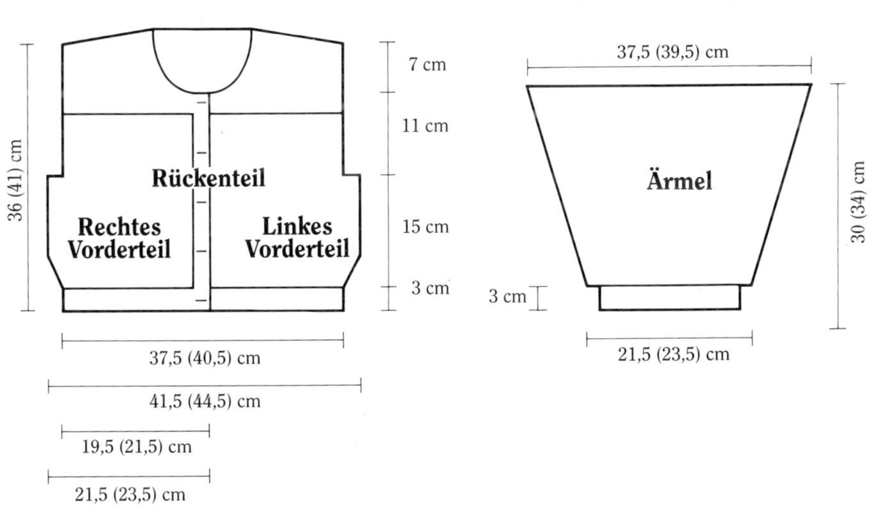

Tasche (2 x arbeiten)
23 M mit Nadeln Nr. 4 anschlagen.
9 cm im Perlmuster stricken. Abketten.
Arbeiten Sie um den Taschenbeutel mit der Häkelnadel 1 R feste Maschen, die abgekettete Seite wird nicht umhäkelt. Die Arbeit nicht wenden; arbeiten Sie nun 1 R Krebsmaschen. Beenden Sie die Reihe.

Taschenpatte (2 x arbeiten)
23 M mit Nadeln Nr. 4 anschlagen. Stricken Sie 4 cm im Perlmuster. Nehmen Sie beidseitig in den nächsten 6 R 1 M ab.
Knopflochreihe: 2 M zusstr, 3 M Perlmuster, 1 U, 2 M zusstr., 2 M Perlmuster, 2 M zusstr. Beidseitig in den nächsten 3 R jeweils 1 M abnehmen. Die verbleibenden 3 M werden zusammengestrickt. Wie bei der Tasche beschrieben, wird die Taschenpatte (ohne die Anschlagseite) umhäkelt.

Bündchenriegel (2 x arbeiten)
7 M mit Nadeln Nr. 4 anschlagen und 8 cm im Perlmuster stricken, wie beim Rückenteil-Bündchen beschrieben.
Knopflochreihe: 3 M Perlmuster, U, 2 M zusstr, 2 M Perlmuster. Danach 2 R Perlmuster. Bei den nächsten 2 R am Anfang und Ende der R je eine M abnehmen. Die verbleibenden 3 M zuammenstricken und das Teil beenden. Der Bündchenriegel wird, ohne die Anschlagseite, auch mit festen M umhäkelt.

Fertigstellung
Einsetzen der Ärmel: Die Ärmelmitte liegt auf der Schulternaht, und die Enden der letzten 6 R werden an die abgeketteten M des Armausschnittes genäht. Die Bündchenriegel werden mit der Anschlagseite am Seitenrand des Vorderteil-Bündchens angenäht. Schließen Sie Seiten- und Ärmelnähte. Nähen Sie Taschen und Taschenklappen auf. Nähen Sie die Knöpfe an die Blende, die Taschen und die Bündchenriegel.

Pullover mit Seesternen Seite 11

Material
8 (9) x 50 g Rowan DK Handknit Cotton (mittelstarkes Baumwollgarn) in Marine (A)
2 (3) x 50 g in Weiß (B)
Stricknadeln Nr. 3¼ und 4

Maße

Alter	2–3	4–5	Jahre
Pullover-Weite	81	91	cm
Länge	37	42	cm
Ärmellänge (innen)	22	26	cm

Maschenprobe
Mit Nadeln Nr. 4 glatt re gestrickt, ergeben 20 M und 28 R = 10 x 10 cm

Abkürzungen
N = Noppe. Die Noppe wird wie folgt gearbeitet: [1 M re, 1 M li, 1 M re, 1 M li] alle in die nächste M, dann die 2., 3. und 4. M über die erste ziehen. Siehe auch Seite 44.

Anmerkung
Das Zählmuster wird auf der Vorderseite (re) von re nach li gearbeitet, auf der Rückseite (li) von li nach re. Wenn Sie die zweifarbigen Rippen der Bündchen stricken, führen Sie den nicht benötigten Faden locker auf der Rückseite der Arbeit mit, über max. 5 M, um das Strickstück elastisch zu halten. Verwenden Sie ein separates Knäuel der Farbe B für jedes Einstrickmuster. Überkreuzen Sie die Fäden auf der Rückseite, um Löcher zu vermeiden.

Rückenteil
78 (86) M mit Nadeln Nr. 3¼ in der Farbe A anschlagen.
Arbeiten Sie die zweifarbigen Rippen:
1. Reihe (Hinreihe): 2 M li A, [2 M re B, 2 M li A] bis zum Ende der Reihe.
2. Reihe: 2 M re A, [2 M li B, 2 M re A] bis zum Ende der Reihe.
Letzte 2 R 4-mal wdh, in der letzten R gleichmäßig verteilt 3 (5) M zunehmen [81 (91) M].
Die Bordüre wird mit Nadeln Nr. 4 gestrickt.
1. Reihe: re in A.
2. Reihe: li in A.
3. Reihe: 5 M re A, [1 B, 9 A] bis zu den letzten 6 M, 1 B, 5 A.
4. Reihe: 4 M li A, [1 B, 1 A, 1 B, 7 A] bis zu den letzten 7 M, 1 B, 1 A, 1 B, 4 A.
5. Reihe: Mit A N, 2 M re A, [1 B, 3 A, 1 B, 2 A, mit A N, 2 A] bis zu den letzten 8 M, [1 B, 3 A] zweimal.
6. Reihe: 2 M li A, [1 B, 5 A, 1 B, 3 A] bis zu den letzten 9 M, 1 B, 5 A, 1 B, 2 A.
7. Reihe: 1 M re A, [1 B, 3 A, mit A N, 3 A, 1 B, 1 A] bis zum Ende der R.
8. Reihe: 1 M li B, [9 A, 1 B] bis zum Ende.
Hauptmuster:
Beginnen Sie mit einer R re in A und stricken Sie 2 (6) R glatt re.
Nächste Reihe: 42 (47) M re in A, 1. R von Zählmuster 1, dann 12 (17) M re in A.
Nächste Reihe: 12 (17) M li in A, 2. R von Zählmuster 1, 42 (47) M li in A.
Arbeiten Sie die nächsten 13 R des Zählmusters.
Nächste Reihe: 12 (17) M li in A, 16. R des Zählmusters 1 li, 6 (11) M li in A, erste R des Zählmusters 2 li, 13 M li in A.
Nächste Reihe: 13 M re in A, 2. Reihe von Zählmuster 2, 6 (11) M re in A, 17. R Zählmuster 1, 12 (17) M re in A. Folgende 5 R lt. Zählmuster.
Nächste Reihe: 13 M re in A, 8. R des Zählmusters 2, 45 (55) M re in A.
Nächste Reihe: 45 (55) M li in A, 9. Reihe des Zählmusters 2 li, 13 M li in A.
Arbeiten Sie die folgenden 4 (8) R lt. Zählmuster.
Nächste Reihe: 13 M re in A, 14. (18.) R des Zählmusters 2, 0 (10) M re in A, erste R des Zählmusters 3, 9 M re in A.
Nächste Reihe: 9 M li in A, li 2. R des Zählmusters 3, 0 (10) M li in A, 15. (19.) R des Zählmusters 2, 13 M li in A.
Arbeiten Sie die folgenden 8 (4) R lt. Zählmuster.
Nächste Reihe: 36 (46) M re in A, 11. (7.) R von Zählmuster 3 re, 9 M re in A.

Pullover mit Seesternen

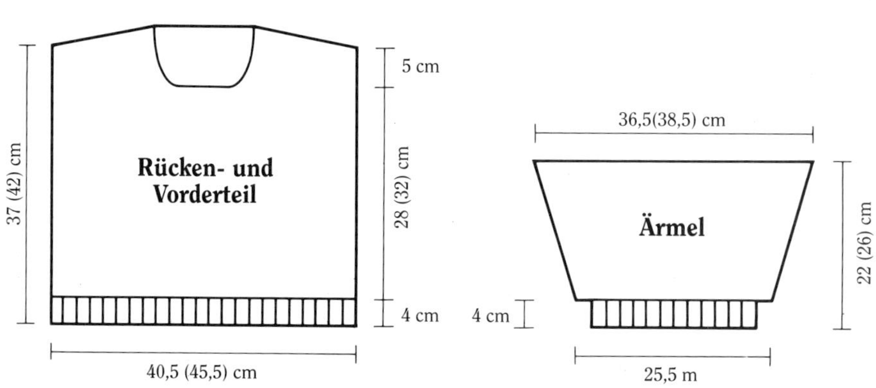

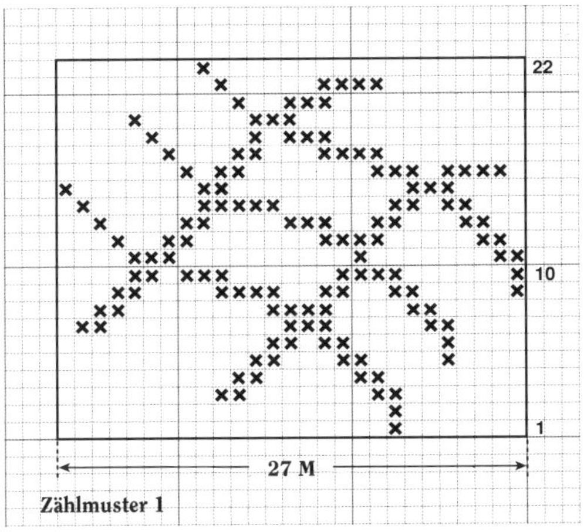

Zählmuster 1

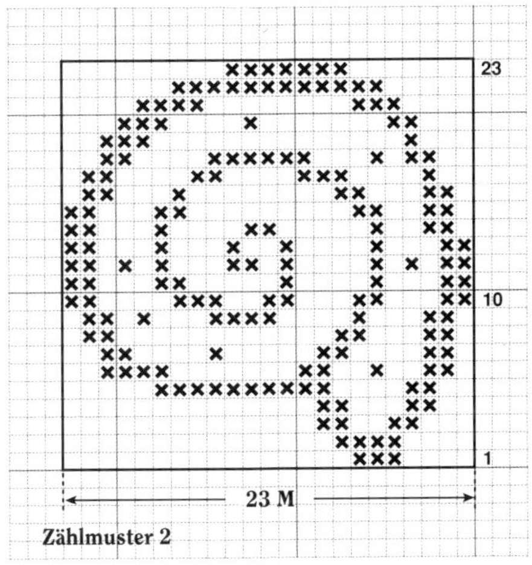

Zählmuster 2

Farbschlüssel

☐ Marineblau (A)

☒ Weiß (B)

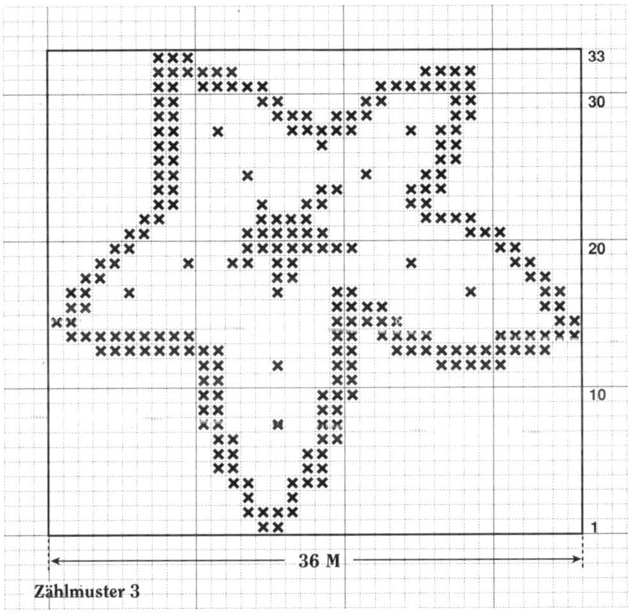

Zählmuster 3

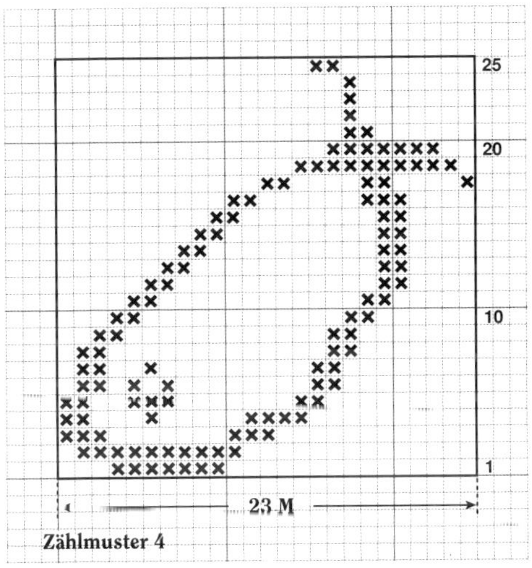

Zählmuster 4

Nächste Reihe: 9 M li in A, 12. (8.) R von Zählmuster 3 li, 36 (46) M li in A.
Die folgenden 14 (20) R lt. Zählmuster.
Nächste Reihe: 8 M re in A, 1. R von Zählmuster 4 re, 3 (13) M re in A, 27. (29.) R des Zählmusters 3, 9 M re in A.
Nächste Reihe: 9 M li in A, 28. (30.) R von Zählmuster 3 li, 3 (13) M li in A, 2. Reihe von Zählmuster 4 li, 8 M li in A.
Die folgenden 5 (3) R lt. Zählmuster.
Nächste Reihe: 48 (58) M li in A, 8. (6.) R des Zählmusters 4, 8 M li in A.
Nächste Reihe: 8 M re in A, 9. (7.) R von Zählmuster 4 re, 48 (58) M re in A. **
Arbeiten Sie die folgenden 16 (18) R lt. Zählmuster. Setzen Sie die Arbeit in A fort und stricken Sie 3 (7) R.
Schulterabnahme:
Ketten Sie 13 (15) M am Anfang der nächsten 4 R ab. Legen Sie die verbleibenden 29 (31) M auf einer Hilfsnadel still.

Vorderteil

Wird wie das Rückenteil bis ** gearbeitet.
Stricken Sie die folgenden 5 (7) R lt. Zählmuster.
Halsausschnitt
Nächste Reihe: 33 (37) M glatt re, wenden. Zuerst re Seite beenden. Für Halsausschnitt in den folgenden 4 R jeweils eine M abnehmen, danach 3-mal in jeder 2. R [26 (30) M].
Stricken Sie in A noch weitere 3 (7) R.
Schulterabnahme
13 (15) M am Anfang der nächsten R abk. Eine weitere R str und die verbleibenden 13 (15) M abk. Die mittleren 15 (17) M auf einer Hilfsnadel stilllegen und die restlichen M lt. Muster str. Nehmen Sie an der Halsseite in den nächsten 4 R je 1 M ab, danach 3-mal 1 M in jeder 2. R [26 (30) M]. Stricken Sie nur mit A 4 (7) R und beenden Sie das Teil gegengleich zur ersten Seite.

Ärmel

42 (46) M mit Nadeln Nr. 3¼ in A anschlagen. 10 R im zweifarbigen Rippenmuster stricken, wie bei dem Bündchen des Rückenteils. Weiterarbeiten mit Nadeln Nr. 4.
Zunahme-Reihe: 5 M re, Z 1, [4 (9) M re, Z 1] bis zu den letzten 5 M, 5 M re [51 M].
Stricken Sie die zweite Reihe des Bordürenmusters, wie beim Rückenteil beschrieben.
Nehmen Sie beidseitig in der 4. R 1 M zu [53 M].
Arbeiten Sie das Hauptmuster folgendermaßen: Sie beginnen mit einer R re und stricken 2 (6) R glatt re in A. In der 1. R nehmen Sie beidseitig 1 M zu. **Für die zweite Größe** auch beidseitig in der folgenden 4. R. [55 (57) M].
Nächste Reihe: 28 (29) M re in A, erste R des Zählmusters 1 re, 0 (1) M re in A.
Nächste Reihe: 0 (1) M li in A, zweite Reihe des Zählmusters 1 li, 28 (29) M li in A.
Arbeiten Sie die folgenden 15 Reihen lt. Zählmuster. In der nächsten R und 3-mal in jeder 4. R nehmen Sie beidseitig 1 M zu. Die M werden immer in A zugenommen [63 (65) M].
Nächste Reihe: 4 (5) M li in A, 18. R von Zählmuster 1 li, 2 M li in A, erste R von Zählmuster 2 li, 7 (8) M li in A.
Nächste Reihe: Mit A Z 1, 6 (7) M re in A, zweite R von Zählmuster 2 re, 2 M re in A, 19. R von Zählmuster 1 re, mit A 3 (4) M re, eine M in der letzten M zunehmen [65 (67) M].
Die nächsten 3 Reihen lt. Zählmuster.
Nächste Reihe: Mit A Z 1, 7 (8) M re in A, 6. R von Zähmuster 2 re, mit A 33 (34) M re, 1 M in der letzten M zunehmen.
Nächste Reihe: 35 (36) M li in A, 7. Reihe des Zählmusters 2 li, 9 (10) M li in A.
Die folgenden 16 R lt. Zählmuster. Beidseitig bei der 3. R und 2 -(3-)mal bei jeder vierten R eine M zunehmen [73 (77) M].
Stricken Sie in A noch 2 (8) R glatt re und ketten Sie die M ab.

Ausschnittblende

Nähen Sie die rechten Schultern zusammen. Fassen Sie auf der Vorderseite der Arbeit mit Nadeln Nr. 3¼ in A 19 (21) M aus dem linken Halsausschnitt auf und stricken Sie re, die mittleren M des Vorderteils ebenfalls re. Aus dem rechten Halsausschnitt fassen Sie ebenfalls 19 (21) M auf und stricken die stillgelegten Maschen des rückwärtigen Halsausschnittes re [82 (19) M].
Stricken Sie nun 1 R li. Beginnen Sie danach mit der ersten R des zweifarbigen Rippenmusters, wie beim Bündchen des Rückenteils beschrieben. Insgesamt 6 R dieses Musters str. Die M in A, dem Muster folgend, abk.

Fertigstellung

Schließen Sie die linke Schulternaht und die Ausschnittblende. Setzen Sie die Ärmel ein; die Ärmelmitte kommt auf die Schulternaht. Schließen Sie Seiten- und Ärmelnähte.

Peppiger Norwegerpullover Seite 12

Material

5 (6) x 50 g Rowan DK Handknit Cotton (mittelstarkes Baumwollgarn) in Orange (A)
3 (4) x 50 g in Gold (B)
2 x 50 g in einem dunklen Pink
Je ein Knäuel in Lindgrün, Blassblau, Dunkelgrün und Dunkelblau
Stricknadeln Nr. 3¼ und 4

Maße

Alter	4–6	6–8	Jahre
Pullover-Weite	90	95	cm
Länge	42	47	cm
Ärmellänge (innen)	31	34	cm

Maschenprobe

Mit Nadeln Nr. 4 im Grundmuster gestrickt, ergeben 22 M und 25 R = 10 x 10 cm.

Abkürzungen

Siehe Seite 44.

Anmerkung

Das Zählmuster wird auf der Vorderseite (re) von re nach li gearbeitet, auf der Rückseite (li) von li nach re. Führen Sie den nicht benötigten Faden locker auf der Rückseite der Arbeit mit, jedoch maximal über 5 M. Das Strickstück behält so seine Elastizität.

Rückenteil

98 (102) M mit Nadeln Nr. 3¼ in A anschlagen. Beginnen Sie mit einer R re und arbeiten Sie 4 R glatt re.
Wechseln Sie nun zu Farbe B.
1. Reihe: 2 M re [2 M li, 2 M r] bis zum Ende der Reihe.
2. Reihe: 2 M li [2 M re, 2 M li] bis zum Ende der Reihe.
Wdh Sie die beiden letzten Reihen zweimal und nehmen Sie in der letzten R gleichmäßig verteilt 1 (3) M zu [99 (105) M].
Wechseln Sie zu Nadeln Nr. 4. Beginnen Sie mit einer R re und arbeiten Sie glatt re nach dem Zählmuster, bis das Rückenteil 42 (47) cm lang ist. Die letzte R ist eine Rück-R.
Schulterabnahme
Ketten Sie beidseitig in den nächsten 4 R 16 (17) M ab. Legen Sie die verbleibenden 35 (37) M auf einer Hilfsnadel still.

Vorderteil

Es wird bis zu einer Höhe von 36 (40) cm genauso wie das Rückenteil gearbeitet. Die letzte R ist eine Rück-R.
Halsausschnitt
Nächste Reihe: Stricken Sie 40 (42) M re und wenden Sie die Arbeit. Stellen Sie zuerst diesen Teil fertig. Nehmen Sie auf der Halsseite bei den nächsten 6 R je 1 M ab, dann noch 2-mal bei jeder 2. R [32 (34) M]. Stricken Sie bis zur Schulterabnahme weiter. Die letzte R endet auf der Schulterseite.
Schulterabnahme
Ketten Sie 16 (17) M am Anfang der nächsten R ab. Stricken Sie eine R. Ketten Sie die verbleibenden 16 (17) M ab. Legen Sie die mittleren 19 (21) M auf einer Hilfsnadel still. Beenden Sie nun die andere Seite gegengleich zur ersten.

Ärmel

46 (50) M mit Nadeln Nr. 3¼ in A anschlagen. Beginnen Sie mit einer R re und stricken Sie 4 R glatt re. Wechseln Sie zu B und stricken Sie 10 R im Rippenmuster, wie für das Rückenteil beschrieben. Nehmen Sie in der letzten R gleichmäßig verteilt 3 M zu [49 (53) M]. Wechseln Sie zu Nadeln Nr. 4 und arbeiten Sie glatt re nach dem Zählmuster. Nehmen Sie beidseitig in der 5. R, dann in jeder 4. R 1 M zu, bis Sie 73 (79) M auf der Nadel haben. Mit den zugenommenen M ergänzen Sie das Zählmuster.

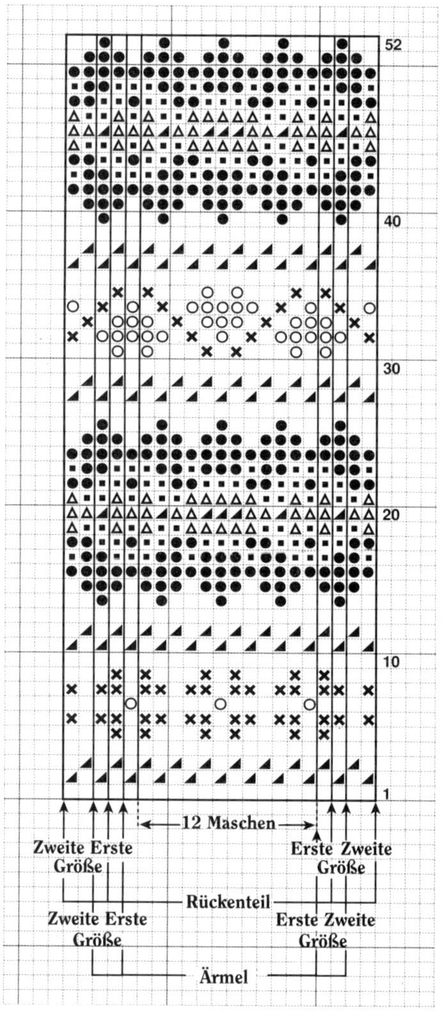

Farbschlüssel

- ☐ Orange (A)
- ● Gold (B)
- ◢ Dunkles Pink
- ☒ Lindgrün
- ○ Blassblau
- ■ Dunkelgrün
- △ Dunkelblau

Stricken Sie weiter, bis der Ärmel 31 (34) cm lang ist. Die letzte R ist eine Rück-R. Ketten Sie die M ab.

Ausschnittblende

Nähen Sie die rechten Schultern zusammen. Fassen Sie auf der Vorderseite der Arbeit in B 16 (18) M mit Nadeln Nr. 3¼ auf der linken Halsseite auf. Stricken Sie diese M re, ebenso die mittleren M. Auf der rechten Halsseite nehmen Sie ebenfalls 16 (18) M auf, danach stricken Sie die stillgelegten M des Rückenteils re [86 (94) M].
Beginnen Sie mit einer zweiten R und arbeiten Sie 7 R im Rippenmuster, wie für das Rückenteil beschrieben. Wechseln Sie zu A. Beginnen Sie mit einer R re und stricken Sie 4 R glatt re. Ketten Sie die M locker ab.

Fertigstellung

Nähen Sie die linke Schulterseite und die Halsblende zusammen; die Nahtzugabe liegt bei dem Glatt-re-Teil der Halsblende außen. Setzen Sie die Ärmel ein; die Ärmelmitte liegt auf der Schulternaht. Schließen Sie Seiten- und Ärmelnähte. Achten Sie beim Bündchen darauf, daß auch hier die Nahtzugabe bei den Glatt-re-Reihen außen liegt.

Peppiger Norwegerpullover

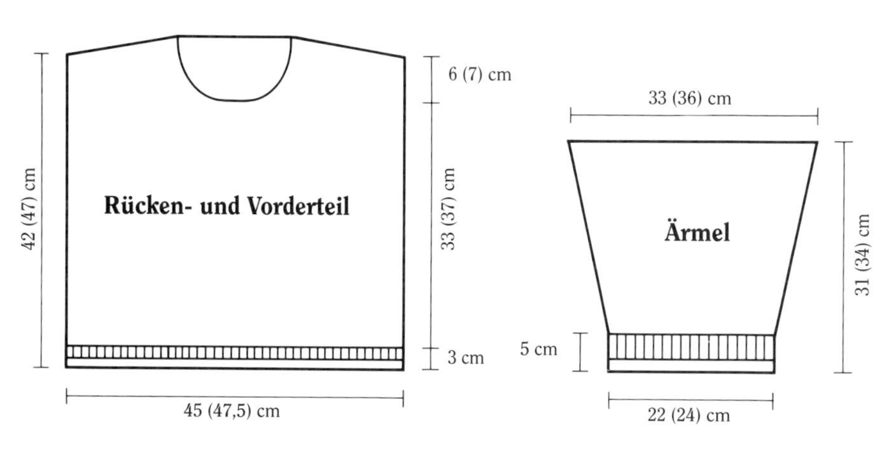

Pullover mit gezopften Rippen Seite 13

Material

11 (12) x 50 g Rowan DK Handknit Cotton (mittelstarkes Baumwollgarn)
Stricknadeln Nr. 3¼ und 4
Zopfnadel

Maße

Alter	3–4	5–6	Jahre
Pullover-Weite	88	97	cm
Länge	39	43	cm
Ärmellänge (innen)	22	27	cm

Maschenprobe

Mit Nadeln Nr. 4 im Grundmuster gestrickt, ergeben 26 M und 28 R = 10 x 10 cm.

Abkürzungen

Z4H = die nächsten 2 M auf eine Zopfnadel hinter die Arbeit legen, 2 M re, dann die M der Zopfnadel re.
Z4V = die nächsten 2 M auf eine Zopfnadel vor die Arbeit legen, 2 M re, dann die M der Zopfnadel re.
Siehe auch Seite 44.

Rückenteil

114 (126) M mit Nadeln Nr. 4 anschlagen.
1. Reihe (Hinreihe): 5 M li, [8 M re, 4 M li] bis zu letzten Masche, 1 M li.
2. Reihe (Rückreihe): 5 M re, [8 M li, 4 M re] bis zur letzten M, 1 M re.
3. Reihe: 5 M li, [4 M re, Z4H, 4 M li] bis zur letzten M, 1 M li.
4. Reihe: Wie zweite R.
5. bis 12. Reihe: Wdh 1. bis 4. R zweimal.
13. bis 18. Reihe: Wdh 1. und 2. R dreimal.
19. Reihe: 5 M li, [Z4V, 4 M re, 4 M li] bis zur letzten M, 1 M li.
20. Reihe: Wie 2. R.
21. und 22. Reihe: Wie erste und zweite R.
23. bis 30. Reihe: Wdh 19. bis 22. R zweimal.
31. und 32. Reihe: Wie erste und zweite R.
Reihe 1 bis 32 bilden das Grundmuster.
Arbeiten Sie im Grundmuster, bis das Rückenteil 39 (43) cm lang ist. Die letzte R ist eine Rück-R.

Schulterabnahme
Nehmen Sie am Anfang der nächsten zwei R je 20 (22) M ab und am Anfang der darauf folgenden zwei R je 21 (23) M. Legen Sie die verbleibenden 32 (36) M auf einer Hilfsnadel still.

Vorderseite

Wird bis zu einer Höhe von 34 (36) cm wie das Rückenteil gearbeitet. Die letzte R ist eine Rück-R.

Halsausschnitt
Nächste Reihe: Stricken Sie 48 (52) M im Grundmuster und wenden Sie die Arbeit. Beenden Sie zuerst diese Seite. Arbeiten Sie im Grundmuster und nehmen Sie auf der Halsseite 1 M in jeder R ab, bis 41 (45) M auf der Nadel sind. Stricken Sie bis zur Schulterabnahme. Die letzte R endet an der Schulterseite.

Schulterabnahme
Ketten Sie 20 (22) M am Anfang der nächsten Reihe ab. 1 R Grundmuster. Ketten Sie nun die verbleibenden 21 (23) M ab. Legen Sie die mittleren 18 (22) M auf einer Hilfsnadel still. Stricken Sie die verbleibenden M im Grundmuster. Beenden Sie diese Seite gegengleich zur ersten.

Ärmel

46 (52) M mit Nadeln Nr. 4 anschlagen.
1. Reihe (Hinreihe): 1 (4) M li, [8 M re, 4 M li] bis zu den letzten 9 (12) M, 8 M re, 1 (4) M li.
2. Reihe (Rückreihe): 1 (4) M re, [8 M li, 4 M re] bis zu den letzten 9 (12) M, 8 M li, 1 (4) M re.
Diese 2 R bilden das Muster. Stricken Sie nun im Grundmuster weiter und nehmen Sie beidseitig in der nächsten R und dann in jeder 2. R 1 M zu, bis Sie 76 (72) M auf der Nadel haben. Danach nehmen Sie beidseitig in jeder 3. R 1 M zu, bis Sie 90 (100) M auf der Nadel haben. Die zugenommenen M werden in das Grundmuster integriert.
Arbeiten Sie gerade weiter, bis der Ärmel 22 (27) cm lang ist. Die letzte R ist eine Rück-R.
Ketten Sie alle M im Musterverlauf ab.

Ausschnittblende

Schließen Sie die rechte Schulternaht.
Mit Nadeln Nr. 3¼ fassen Sie auf der Vorderseite 18 (21) M am linken Halsausschnitt auf und stricken die M re, die mittleren M ebenfalls re. Nehmen Sie bei diesen M gleichmäßig verteilt 2 M ab. Nehmen Sie nun auf der rechten Halsausschnittseite ebenfalls 18 (21) M auf und stricken Sie sie re. Die stillgelegten M des rückwärtigen Halsausschnittes werden ebenfalls re gestrickt und dabei gleichmäßig verteilt 4 M abgenommen [80 (94) M].
Beginnen Sie mit einer R li und stricken Sie 13 R glatt re.
Ketten Sie die M locker ab.

Fertigstellung

Schließen Sie die linke Schulternaht und die Ausschnittblende. Achten Sie bitte darauf, dass die Nahtzugabe bei der Ausschnittblende außen liegt. Setzen Sie die Ärmel ein; die Ärmelmitte liegt auf der Schulternaht. Schließen Sie Seiten- und Ärmelnähte.

Pullover mit gezopften Rippen

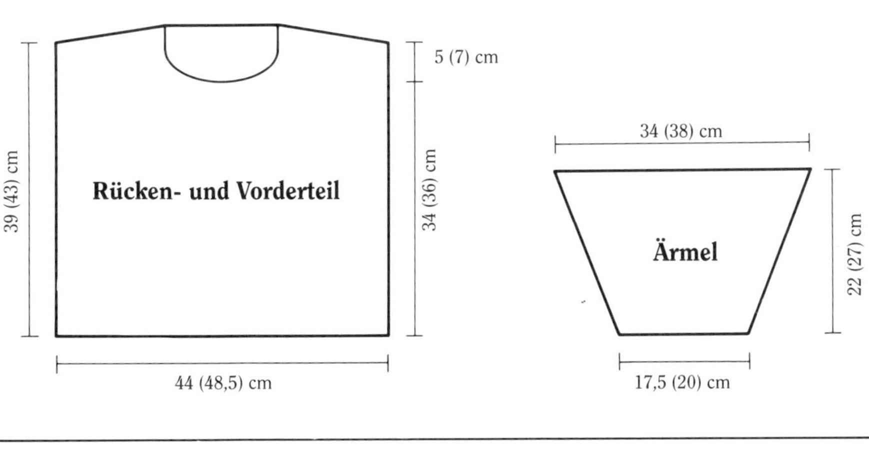

Pullover mit Längsstreifen Seite 14

Material
4 (5/6) x 50 g Rowan DK Hanknit Cotton (mittelstarkes Baumwollgarn) in Blau (A) und Feuerrot (B)
1 x 50 g in Gold (C)
Stricknadeln Nr. 3¾ und 4

Maße

Alter	2–3	3–4	5–6	Jahre
Pullover-Weite	76	83	89	cm
Länge	38	42	46	cm
Ärmellänge (innen)	24	27	30	cm

Maschenprobe
Mit Nadeln Nr. 4 im Grundmuster gestrickt, ergeben 26 M und 54 R = 10 x 10 cm.

Abkürzungen
Siehe Seite 44.

Rückenteil
100 (108/116) M mit Nadeln Nr. 3¾ in A anschlagen.
** 1 R li.
1. Reihe (Hinreihe): Mit C 1 M re, 2 M abheben, [2 M re, 2 M abheben] bis zur letzten M, 1 M re.
2. Reihe: Mit C 1 M re, den Faden vor die Arbeit nehmen und 2 M abheben, [2 M li, 2 M abheben] bis zur letzten M, 1 M re.
3. Reihe: Mit A 3 M re, [2 M abheben, 2 M re] bis zur letzten M, 1 M re.
4. Reihe: Mit A 1 M re, 2 M li, [2 M abheben, 2 M li] bis zur letzten M, 1 M re.
Diese 4 Reihen bilden das Grundmuster. Wdh diese 4 R noch einmal.**
Wechseln Sie zu Nadeln Nr. 4. Ersetzen Sie C durch B und stricken Sie im Grundmuster, bis das Rückenteil 38 (42/46) cm lang ist. Ihre letzte R ist eine 4. Grundmuster-R.

Schulterabnahme
Ketten Sie die ersten 15 (17/18) M am Anfang der nächsten zwei R ab und 16 (17/19) M am Anfang der darauf folgenden zwei R. Legen Sie die verbleibenden 38 (40/42) M auf einer Hilfsnadel still.

Vorderteil
Wird bis zu einer Höhe von 32 (36/40) cm wie das Rückenteil gearbeitet. Ihre letzte R ist eine 4. Grundmuster-R.

Halsausschnitt
Nächste Reihe: Stricken Sie im Grundmuster 42 (45/48) M und wenden Sie die Arbeit. Beenden Sie zuerst diese Seite. Nehmen Sie im Musterverlauf 1 M in jeder 2. R an der Ausschnittseite ab, bis 31 (34/37) M verbleiben. Stricken Sie bis zur Schulterabnahme weiter. Ihre letzte R endet an der Schulterseite.

Schulter
Ketten Sie 15 (17/18) M am Anfang der nächsten R ab. Stricken Sie 1 R. Ketten Sie die verbleibenden 16 (17/19) M ab.
Legen Sie die mittleren 16 (18/20) M auf einer Hilfsnadel still und beenden Sie die R im Grundmuster. Beenden Sie diese Seite nun gegengleich zur ersten.

Ärmel
40 (44/48) M mit Nadeln Nr. 3¼ in A anschlagen. Arbeiten Sie im Grundmuster, wie beim Rückenteil von ** bis ** beschrieben.
Wechseln Sie zu Nadeln Nr. 4 und ersetzen Sie B durch C. Arbeiten Sie weiter im Grundmuster und nehmen Sie beidseitig 1 M bei jeder folgenden 4. (5./5.) R zu, bis Sie 86 (92/96) M auf der Nadel haben. Die zugenommenen Maschen werden dem Grundmuster entsprechend gestrickt. Stricken Sie weiter, bis der Ärmel 24 (27/30) cm lang ist. Ihre letzte R ist eine 4. Grundmuster-R. Ketten Sie die M ab.

Ausschnittblende
Nähen Sie die rechten Schultern zusammen. Fassen Sie auf der Vorderseite der Arbeit mit Nadeln Nr. 3¼ in A 17 (16/17) M an der linken Halsauschnittkante auf und stricken Sie sie re. Stricken Sie die mittleren M re und nehmen Sie 17 (15/17) M an der rechten Halsausschnittkante auf. Stricken Sie die stillgelegten M des Rückenteils re. **Bei der zweiten Größe** arbeiten Sie 2 M in die letzte M [88 (90/96 M].
1. Reihe: In A 0 (2/2) M re, Faden von A ist auf der Vorderseite der Arbeit, [2 M li in C, Faden von A ist auf der Rückseite der Arbeit, 2 M re in A, der Faden von A ist auf der Vorderseite der Arbeit] bis zu den letzten 0 (0/2) M, in C 0 (0/2) M li.
2. Reihe: In C 0 (0/2) M re, [der Faden von A liegt vor der Abeit, 2 M li in A, Faden von A liegt hinter der Arbeit, in C 2 M re] bis zu den letzten 0 (2/2) M, der Faden von A liegt vor der Arbeit, in A 0 (2/2) M li. Wdh Sie die letzten beiden R zweimal. Wechseln Sie zu Nadeln Nr. 4 und stricken Sie nun in A eine R li und eine R re. Ketten Sie mit li M locker ab.

Fertigstellung
Schließen Sie die linke Schulternaht und die Ausschnittblende. Setzen Sie die Ärmel ein; die Ärmelmitte liegt auf der Schulternaht. Schließen Sie Seiten- und Ärmelnähte.

Pullover mit Längsstreifen

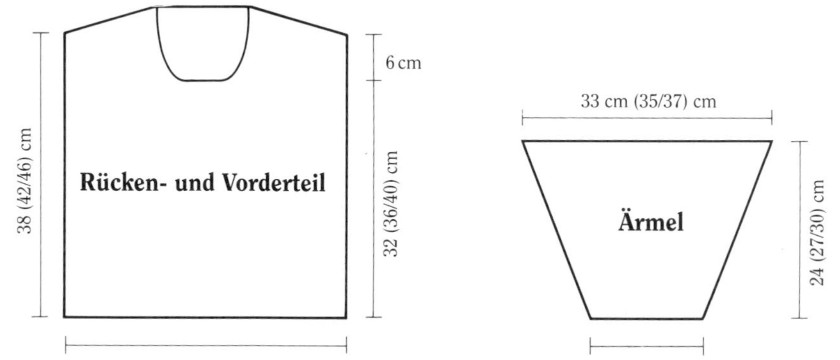

Jacke mit Blumen- und Norwegermuster Seite 15

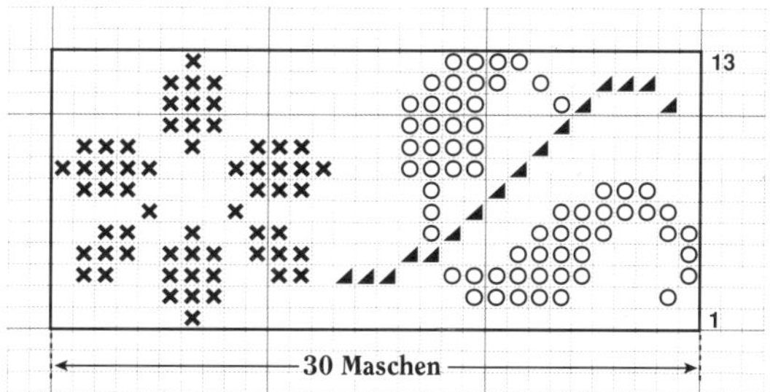

Zählmuster 1

Farbschlüssel

- Ecru (A)
- Schwarz
- Blau
- Grün
- Rot
- Gold

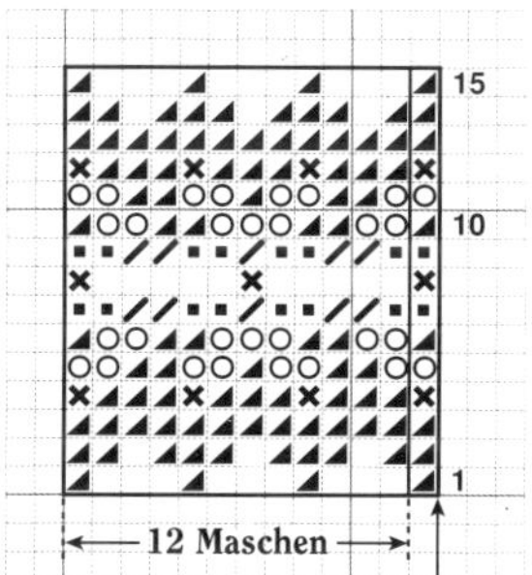

Zählmuster 2

Material

6 x 50 g Rowan DK Handknit Cotton (mittelstarkes Baumwollgarn) in Ecru (A)
2 x 50 g in Schwarz
je ein Knäuel in Blau, Grün, Rot und Gold
Stricknadeln Nr. 3¼ und 4
4 Knöpfe

Maße

Alter	3–5	Jahre
Jacken-Weite	80	cm
Länge	37	cm
Ärmellänge (innen)	29	cm

Maschenprobe

Mit Nadeln Nr. 4 im Grundmuster gestrickt, ergeben 22 M und 26 R = 10 x 10 cm.

Abkürzungen

Siehe Seite 44.

Anmerkung

Wenn Sie nach den Zählmustern arbeiten, verwenden Sie bitte für jede Kontrastfarbe ein eigenes Knäuel. Verkreuzen Sie die Fäden auf der Rückseite, damit sich keine Löcher bilden. Führen Sie den nicht benötigten Faden locker auf der Rückseite der Arbeit mit, jedoch maximal über 5 M. Das Strickstück behält so seine Elastizität.

Vorder- und Rückenteil

Die Jacke wird bis zum Armausschnitt in einem Stück gearbeitet.
168 M mit Nadeln Nr. 3¼ in A anschlagen. Fangen Sie mit einer R re an und stricken Sie 4 R glatt re.
Nächste Reihe (Vorderseite): 3 M re, [2 M li, 2 M re] bis zu den letzten 5 M, 2 M li, 3 M re.
Nächste Reihe: 3 M li, [2 M re, 2 M li] bis zu den letzten 5 M, 2 M re, 3 M li.
Wdh Sie diese beiden R dreimal und nehmen Sie in der Mitte der letzten R eine M zu [169 M]. Wechseln Sie zu Nadeln Nr. 4.
1. Reihe: Re M in A.
2. Reihe: Li M in A.
3. Reihe (re): 1 M in A, [1 M in Blau, 1 M in A] bis zum Ende.
4. Reihe (li): 1 M Blau, [1 M in A, 1 M in Blau] bis zum Ende.
5. und 6. Reihe: Glatt re in A.
7. Reihe (re): 1 M in A, Zählmuster 1 von re nach li stricken, 30 M der 1. Reihe von Zählmuster 1 dreimal. Nun stricken Sie das Zählmuster 1 von li nach re, die letzten 17 M der ersten R von Zählmuster 1, dann 30 M zweimal, 1 M in A.
8. Reihe (li): 1 M in A, Zählmuster von re nach li stricken, 30 M der zweiten R von Zählmuster 1 dreimal stricken. Nun stricken Sie das Zählmuster von li nach re, die letzten 17 M der zweiten R von Zählmuster 1, dann zweimal 30 M, 1 M in A.
9. bis 19. Reihe: Wdh 7. und 8. R fünfmal, dann noch einmal die 7. Reihe. Arbeiten Sie dabei die 3. bis 13. R von Zählmuster 1.
20. Reihe: Li in A.
21. Reihe: Re in A.
22. Reihe (li): 1 M in A, [1 M Blau, 1 M in A] bis zum Ende.
23. Reihe (re): 1 M Blau, [1 M in A, 1 M in Blau] bis zum Ende.
24. und 25. Reihe: Wie 20. und 21. R.
26. Reihe (li): Das Zählmuster wird von li nach re gestrickt, [12 M der ersten R von Zählmuster 2] bis zum Ende der R, Randmasche des Zählmusters.
27. Reihe (re): Das Zählmuster wird von re nach li gearbeitet, Randmasche der zweiten R von Zählmuster 2, [12 M Rapport] bis zum Ende der Reihe.
28. bis 40. Reihe: Wdh 26. und 27. R sechsmal, dann noch einmal 26. R. Sie arbeiten die 3. bis 15. R von Zählmuster 2.
Diese 40 R bilden das Grundmuster. Arbeiten Sie noch einmal 4 R des Grundmusters.

Teilen der Arbeit für den Armausschnitt
Nächste Reihe: Stricken Sie 42 M im Grundmuster für das rechte Vorderteil und wenden Sie die Arbeit. Beenden Sie erst diesen Teil der Jacke. Arbeiten Sie weitere 5 R im Grundmuster.

Halsausschnitt
Stricken Sie weiter im Grundmuster und nehmen Sie am Anfang der nächsten R 1 M und dann in jeder zweiten R 1 M ab, bis Sie 26 M auf der Nadel haben. 3 R im Grundmuster. Stricken Sie nun in 3 R in A.

Schulterabnahme
Ketten Sie 13 M am Anfang der nächsten R ab. Stricken Sie eine weitere R und ketten Sie dann die verbleibenden 13 M ab.
Stricken Sie nun 85 M im Grundmuster für das Rückenteil (= Hinreihe). Wenden Sie die Arbeit. Beenden Sie nun das Rückenteil. Stricken Sie bis zur Schulterabnahme weiter, die letzte R ist eine Rück-R.

Schulterabnahme
Ketten Sie 13 M am Anfang der nun folgenden 4 R ab. Legen Sie die verbleibenden 33 M auf einer Hilfsnadel still.
Stricken Sie die restlichen M für das linke Vorderteil (= Hinreihe). Beenden Sie diese Seite gegengleich zur rechten.

Jacke mit Blumen- und Norwegermuster

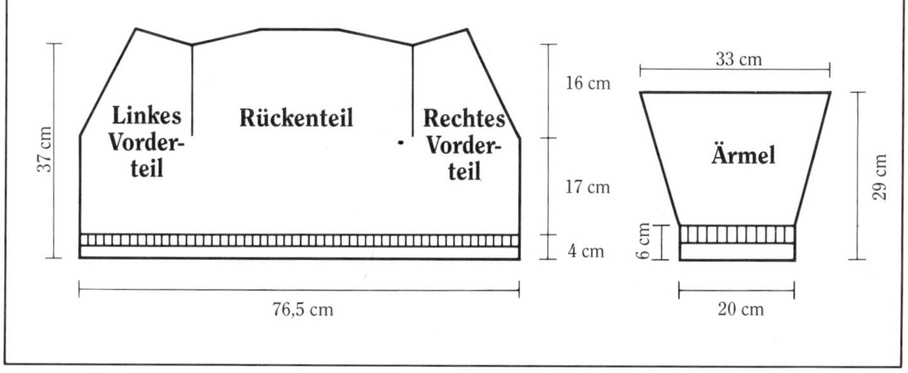

Ärmel

38 M mit Nadeln Nr. 3¼ in A anschlagen. Beginnen Sie mit einer R re und stricken Sie 4 R glatt re.
Nächste Reihe (Hinreihe): 2 M re, [2 M li, 2 M re] bis zum Ende der R.
Nächste Reihe: 2 M li, [2 M re, 2 M li] bis zum Ende der R.
Wdh Sie die letzten 2 R sechsmal, danach noch einmal die ersten beiden R.
Zunahme-R: 3 M Rippenmuster, [arbeiten Sie die Zunahme in die nächste M, 4 M Rippenmuster] bis zum Ende der R [45 M].
Wechseln Sie zu Nadeln Nr. 4.
1. bis 6. Reihe: Wird gestrickt wie 1. bis 6. R des Rücken- bzw. Vorderteils. Nehmen Sie beidseitig in der 3. R und in der 6. R 1 M zu [49 M].
7. Reihe (re): 1 M in A. Das Zählmuster wird von re nach li gearbeitet: 30 M der ersten R von Zählmuster 1. Nun wird das Zählmuster von li nach re gearbeitet: 17 M der ersten R von Zählmuster 1 und 1 M in A.
8. Reihe (li): 1 M in A. Das Zählmuster wird von re nach li gearbeitet: 17 M der zweiten R von Zählmuster 1. Nun arbeiten Sie das Zählmuster von li nach re und stricken 30 M der zweiten R von Zählmuster 1 und 1 M in A.
Arbeiten Sie weiter, wie im Zählmuster 1 angegeben, und führen Sie das Grundmuster wie im Rücken- bzw. Vorderteil fort. Nehmen Sie beidseitig 1 M in der nächsten R und jeder 3. R zu, bis Sie 73 M auf der Nadel haben.
Stricken Sie 18 R im Grundmuster und ketten Sie die M ab.

Blende

Schließen Sie die Schulternähte.
Sie nehmen auf der re Vorderseite in A 44 M mit Nadeln Nr. 3¼ auf und stricken sie re ab. Übergehen Sie den Rollsaum. Weitere 40 M werden aus dem Halsausschnitt aufgenommen, die M des Rückenteils re gestrickt, 40 M aus dem Halsausschnitt der li Seite und 44 M aus der geraden Kante aufgenommen. Übergehen Sie auch hier den Rollsaum [202 M]. Beginnen Sie mit einer zweiten R des Rippenmusters und arbeiten Sie 3 R in Rippen, wie beim Ärmel beschrieben.
Knopflochreihe:
4 M Rippenmuster, [1 Umschlag, 2 M re zusstr, 10 M Rippenmuster] viermal wiederholen, Rippenmuster bis zum Ende der Reihe.
3 R Rippenmuster. Stricken Sie dann 1 R re und arbeiten Sie 4 R glatt re. Ketten Sie die M ab.

Fertigstellung:

Sticken Sie in Gold ein Knötchen in die Mitte jeder Blume. Setzen Sie die Ärmel ein; die Ärmelmitte liegt auf den Schulternähten. Schließen Sie Ärmel- und Seitennähte. Nähen Sie die Knöpfe an.

Jacke im Patchworkstil Seite 16

Material

7 x 50 g Rowan DK Handknit Cotton (mittelstarkes Baumwollgarn) in Blau (A)
2 x 50 g in Ecru (B)
je 1 Knäuel in Grün, Pink und Rost
Stricknadeln Nr. 3¾ und 4
5 Knöpfe

Maße

Alter	3–5	Jahre
Jacken-Weite	85	cm
Länge	38	cm
Ärmellänge (innen)	32	cm

Maschenprobe

Mit Nadeln Nr. 4 im Grundmuster gestrickt, ergeben 20 M und 28 R = 10 x 10 cm.

Abkürzungen

Siehe Seite 44.

Anmerkung

Arbeiten Sie das Zählmuster auf der Vorderseite von re nach li und in der Rückreihe von li nach re. Wenn Sie nach dem Zählmuster arbeiten, verwenden Sie bitte für jede Farbe separates Garn. Verkreuzen Sie das Garn auf der Rückseite, damit keine Löcher entstehen.

Linkes Vorderteil

43 M mit Nadeln Nr. 3¾ in A anschlagen.
1. Reihe: 1 M li, [1 M re, 1 M li] bis zum Ende der R.
Diese Reihe bildet das Perlmuster. Wdh Sie diese R 6-mal.
Zunahme-Reihe: 10 M Perlmuster, Z 1, 7 M Perlmuster, Z 1, 13 M Perlmuster, Z 1, 7 M Perlmuster, Z 1, 6 M Perlmuster [47 M].
Wechseln Sie zu Nadeln Nr. 4.
Verwenden Sie für die vordere Blende ein Extra-Knäuel in A. Arbeiten Sie nach dem Zählmuster wie folgt:
1. Reihe (Hinreihe): 1 M re in B, in A die erste R des Zählmusters, 5 M Perlmuster.
2. Reihe: In A 5 M Perlmuster, zweite R des Zählmusters, in B 1 M li.
Diese beiden Reihen bilden das Grundmuster.
Arbeiten Sie nach dem Zählmuster 85 R.
Halsausschnitt
Nächste Reihe: 5 M Perlmuster. Legen Sie diese M auf einer Sicherheitsnadel still und stricken Sie bis zum Ende der R.
1 R Grundmuster. Arbeiten Sie im Grundmuster weiter, ketten Sie 4 M am Anfang der nächsten R ab und 3 M am Anfang der darauf folgenden zweiten R. Nehmen Sie 1 M auf der Halsseite in jeder R ab, bis Sie 27 M auf der Nadel haben. Stricken Sie 4 R im Grundmuster geradeaus hoch.

Jacke im Patchworkstil

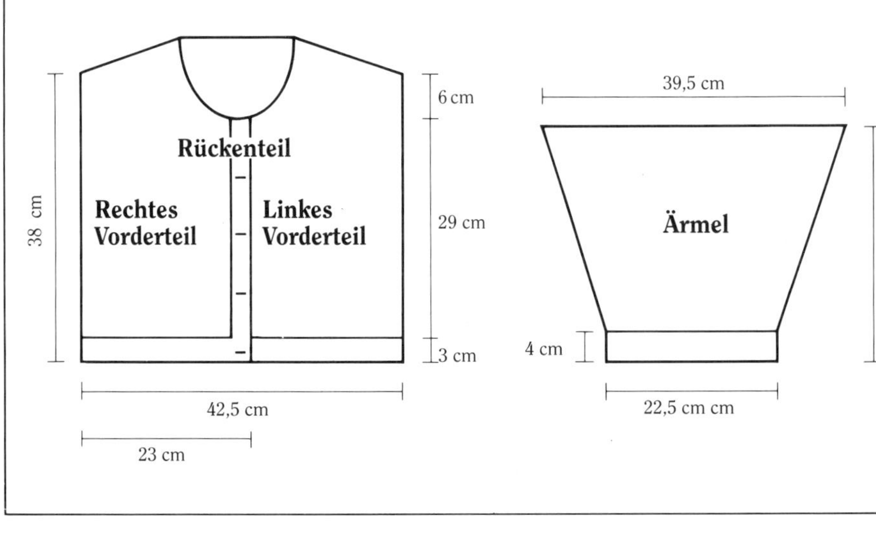

Schulterabnahme
Ketten Sie 14 M am Anfang der nächsten R ab. Stricken Sie 1 R und ketten Sie die verbleibenden 13 M ab.

Rechtes Vorderteil

43 M mit Nadeln Nr. 3¾ in A anschlagen. Stricken Sie 6 R im Perlmuster, wie beim linken Vorderteil.
Knopflochreihe: 1 M Muster, 2 M zusstr, U, Muster bis zum Ende der R.
Zunahmereihe: 6 M Perlmuster, Z 1, 7 M Perlmuster, Z 1, 13 M Perlmuster, Z 1, 7 M Perlmuster, Z 1, 10 M Perlmuster [47 M].
Wechseln Sie zu Nadeln Nr. 4.
Arbeiten Sie nach dem Zählmuster wie folgt:
1. Reihe: In A 5 M Perlmuster, erste R des Zählmusters, 1 M re in B.
2. Reihe: In B 1 M li, zweite R des Zählmusters, in A 5 M Perlmuster.
Beenden Sie das rechte Vorderteil gegengleich zum linken. Arbeiten Sie in der 19. R und zweimal in den darauf folgenden 22. R ein Knopfloch.

Rückenteil

81 M mit Nadeln Nr. 3¾ in A anschlagen. Stricken Sie 7 R im Perlmuster, wie beim Bündchen des li Vorderteils angegeben.
Zunahme-Reihe: 17 M Perlmuster, [Z 1, 16 M Perlmuster] 4-mal bis zum Ende der R [85 M].
Wechseln Sie zu Nadeln Nr. 4. Beginnen Sie mit einer R re und stricken Sie glatt re bis zur Schulterabnahme weiter. Die letzte R ist eine Rück-R.
Schulterabnahme
Ketten Sie 14 M am Anfang der nächsten beiden R ab und 13 M in den darauf folgenden 2 R. Legen Sie die verbleibenden 31 M auf einer Hilfsnadel still.

Ärmel

37 M mit Nadeln Nr. 3¾ in A anschlagen. Stricken Sie 11 R im Perlmuster, wie beim Bündchen des linken Vorderteils beschrieben.
Zunahme-Reihe: 5 M Perlmuster, [Z 1, 4 M Perlmuster] bis zum Ende der R [45 M].
Wechseln Sie zu Nadeln Nr. 4.
Beginnen Sie mit einer R re. Nehmen Sie beidseitig 5-mal in jeder 3. R, dann in jeder 4. R 1 M zu, bis Sie 79 M auf der Nadel haben. Stricken Sie bis zu einer Länge von 32 cm weiter. Die letzte R ist eine Rück-R. Ketten Sie die M ab.

Halsblende

Nähen Sie die Schulternähte zusammen. Nehmen Sie auf der Vorderseite der Arbeit mit Nadeln Nr. 3¾ in A die M der Sicherheitsnadel auf die Nadel. Nehmen Sie aus der rechten Schrägkante 24 M auf und stricken Sie sie re, ebenso die stillgelegten M des Rückenteils. Dann nehmen Sie 24 M aus der linken Schrägkante auf und stricken sie re, danach die M der Sicherheitsnadel im Perlmuster [89 M].
Stricken Sie nun 6 R im Perlmuster und arbeiten Sie ein Knopfloch, wie angegeben, in der 2. R. Ketten Sie diese dem Muster folgend ab.

Fertigstellung

Sticken Sie Kreuzstiche zwischen die horizontalen und vertikalen Perlmusterblöcke der Vorderseiten. Setzen Sie die Ärmel ein; die Ärmelmitte liegt auf der Schulternaht. Schließen Sie Seiten- und Ärmelnähte.
Nähen Sie die Knöpfe an.

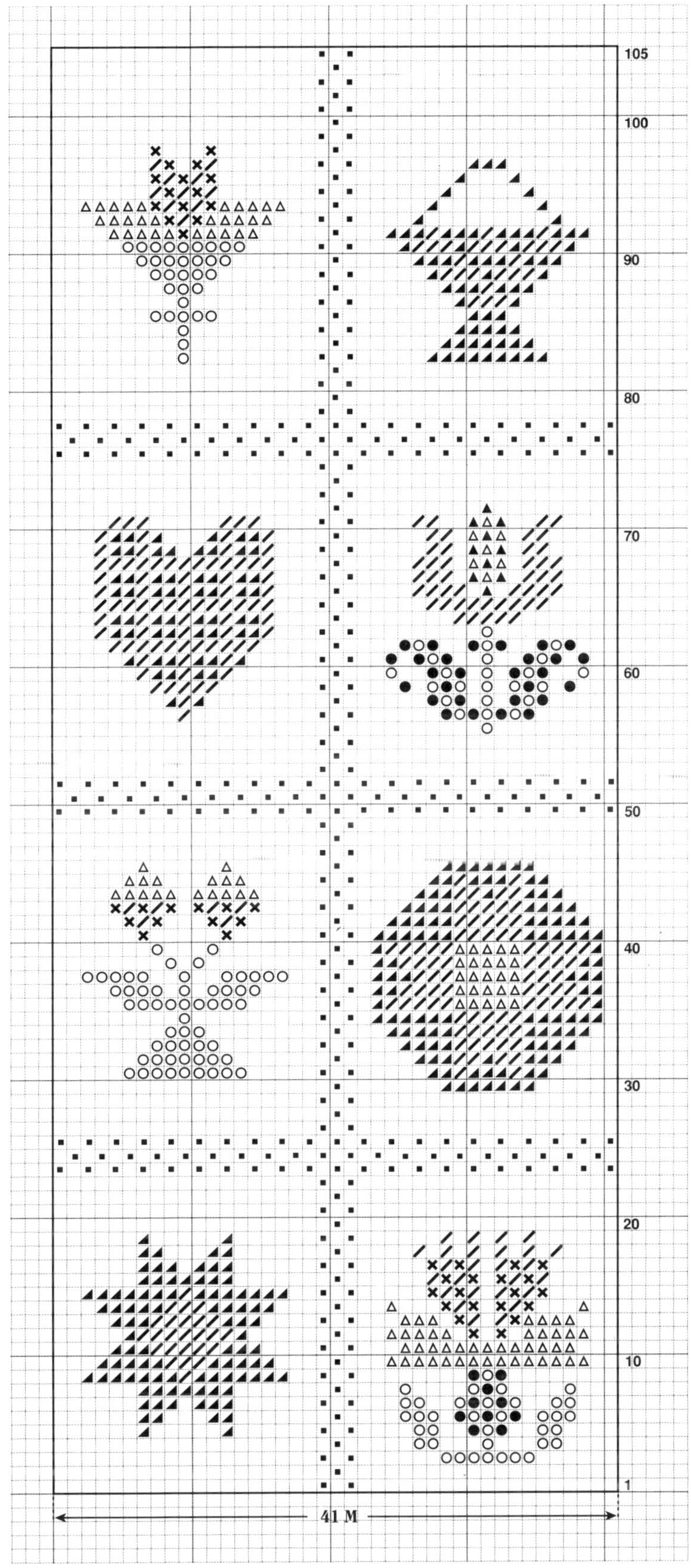

Farbschlüssel

◢	Blau (A)	re in Hin-R, li in Rück-R
□	Ecru (B)	re in Hin-R, li in Rück-R
○	Grün	re in Hin-R, li in Rück-R
╱	Rost	re in Hin-R, li in Rück-R
△	Pink	re in Hin-R, li in Rück-R
■	Ecru (B)	li in Hin-R, re in Rück-R
●	Grün	li in Hin-R, re in Rück-R
✕	Rost	li in Hin-R, re in Rück-R
▲	Pink	li in Hin-R, re in Rück-R

Rugby-Pullover Seite 17

Material

5 (6) x 50 g Rowan DK Handknit Cotton (mittelstarkes Baumwollgarn) in Rot (A)
4 (5) x 50 g in Gold (B)
1 Knäuel in Weiß (C)
Stricknadeln Nr. 3¼ und 4
3 Knöpfe

Maße

Alter	2–4	4–6	Jahre
Pullover-Weite	80	88	cm
Länge	46	52	cm
Ärmellänge (innen)	25	30	cm

Maschenprobe

Mit Nadeln Nr. 4 im Grundmuster gestrickt, ergeben 20 M und 28 R = 10 x 10 cm.

Abkürzungen

Siehe Seite 44.

Rückenteil

73 (81) M mit Nadeln Nr 3¼ in A anschlagen.
1. Reihe (Hinreihe): 1 M li, [1 M re, 1 M li] bis zum Ende der R.
2. Reihe: 1 M re, [1 M li, 1 M re] bis zum Ende der R.
Wdh Sie die letzten 2 Reihen dreimal und nehmen Sie in der Mitte der letzten R eine M zu [74 (82) M].
Wechseln Sie zu Nadeln Nr. 4.
Nächste Reihe: Schlagen Sie 3 M auf und stricken Sie re M bis zum Ende der R.
Nächste Reihe: Schlagen Sie 3 M auf und stricken Sie li M bis zum Ende der R [80 (88) M].
Beginnen Sie mit einer R re und arbeiten Sie 2 R glatt re.
Stricken Sie weiter glatt re und arbeiten Sie ein Streifenmuster von 12 R B und 12 R A.
Stricken Sie, bis das Rückenteil 46 (52) cm lang ist. Die letzte R ist eine Rück-R.

Schulterabnahme:
Ketten Sie 13 (15) M am Anfang der nächsten 2 R ab und 13 (14) M am Anfang der darauf folgenden 2 R. Legen Sie die verbleibenden 28 (30) M auf einer Hilfsnadel still.

Vorderteil

Es wird bis zu einer Höhe von 31 (37) cm wie das Rückenteil gearbeitet. Die letzte R ist eine Rück-R.

Teilung für die Verschlussblende
Nächste Reihe: 38 (42) M re, wenden Sie die Arbeit.
Stricken Sie über diesen Teil im Grundmuster bis zu einer Höhe von 41 (47) cm. Die letzte Reihe endet am inneren Rand.

Halsausschnitt
Nehmen Sie 4 (5) M am Anfang der nächsten R und 3 M am Anfang der übernächsten R ab. Nehmen Sie an der Halsseite 1 M in jeder R ab, bis Sie 26 (29) M auf der Nadel haben. Stricken Sie bis zur Schulterabnahme weiter. Die letzte R endet am Seitenrand.

Schulterabnahme
Ketten Sie 13 (15) M am Anfang der nächsten R ab. Stricken Sie eine R. Ketten Sie die verbleibenden 13 (14) M ab.
Arbeiten Sie an der angefangenen R weiter. Ketten Sie die mittleren 4 M ab und stricken Sie re bis zum Ende der R. Beenden Sie die Arbeit, wie oben beschrieben.

Ärmel

35 (39) M mit Nadeln Nr. 3¼ in A anschlagen. Stricken Sie 5 cm im Rippenmuster, wie beim Bündchen des Rückenteils beschrieben. Die letzte R ist eine Hin-R.
Zunahme-Reihe: 2 (4) M Rippenmuster, [Z 1, 5 M Rippenmuster] sechsmal wdh, Z 1, 3 (5) M Rippenmuster [42 (46) M].
Wechseln Sie zu Nadeln Nr. 4.
Beginnen Sie mit einer R re und arbeiten Sie im Streifenmuster von 12 R in B und 12 R in A. Nehmen Sie dabei beidseitig in jeder 3. (4.) R eine M zu, bis Sie 70 (74) M auf der Nadel haben. Stricken Sie geradeaus hoch, bis der Ärmel 25 (30) cm lang ist. Die letzte R ist eine Rück-R.

Kragen

Schließen Sie die Schulternähte.
Nehmen Sie mit Nadeln Nr. 3¼ aus der Vorderseite in C 22 (24) M auf der re Seite auf und stricken sie re, ebenso die stillgelegten M des Rückenteils. Nehmen Sie auch aus der li Vorderteilseite 22 (24) M auf und stricken sie re [72 (78) M].
Zunahme-Reihe: 1 M re, [1 M li, 1 M re] 5(6)-mal, * [1 M li, 1 M re] in die nächste M, [1 M li, 1 M re] 2-mal, wdh von * 10-mal, [1 M li, 1 M re] bis zum Ende der R [83 (89) M].
Beginnen Sie mit R 1 des Rippenmusters, wie beim Rückenteil beschrieben. Stricken Sie insgesamt 9 R Rippenmuster.
Wechseln Sie zu Nadeln Nr. 4 und stricken Sie weitere 10 R Rippenmuster. Ketten Sie die M im Musterverlauf locker ab.

Knopflochblende

Mit Nadeln Nr. 3¼ nehmen Sie in C 27 M an der rechten Blendenseite auf; aus dem Kragen werden keine M aufgenommen. Beginnen Sie mit einer 2. R und arbeiten Sie 3 R im Rippenmuster, wie für den Bund des Rückenteils.
Knopflochreihe [6 M Rippenmuster, 1 U, 2 M zusstr] dreimal wdh, 3 M Rippenmuster. Stricken Sie noch 3 R im Rippenmuster und ketten Sie die M, dem Muster folgend, ab.

Knopfblende

Mit Nadeln Nr. 3¼ nehmen Sie in C 27 M an der linken Blendenseite auf, aus dem Kragen werden keine M aufgenommen. Beginnen Sie mit einer 2. R und stricken Sie 7 R im Rippenmuster, wie für den Bund des Rückenteils. Ketten Sie die M im Musterverlauf ab.

Seitenkanten

Nehmen Sie mit Nadeln Nr. 3¼ in A 9 M aus den Seitenkanten des Rückenteilbundes auf. Beginnen Sie mit einer 2. R und stricken Sie 3 R im Rippenmuster, wie beim Bund. Ketten Sie die M im Musterverlauf ab.

Fertigstellung

Setzen Sie die Ärmel ein; die Ärmelmitte liegt auf der Schulternaht. Legen Sie die beiden Blenden übereinander und nähen Sie sie am unteren Ende der Öffnung fest. Nähen Sie die Seitenkanten der angestrickten Bundblenden an die aufgenommenen M des Rückenteils. Schließen Sie die Seitennähte ab Bund und die Ärmelnähte.

Rugby-Pullover

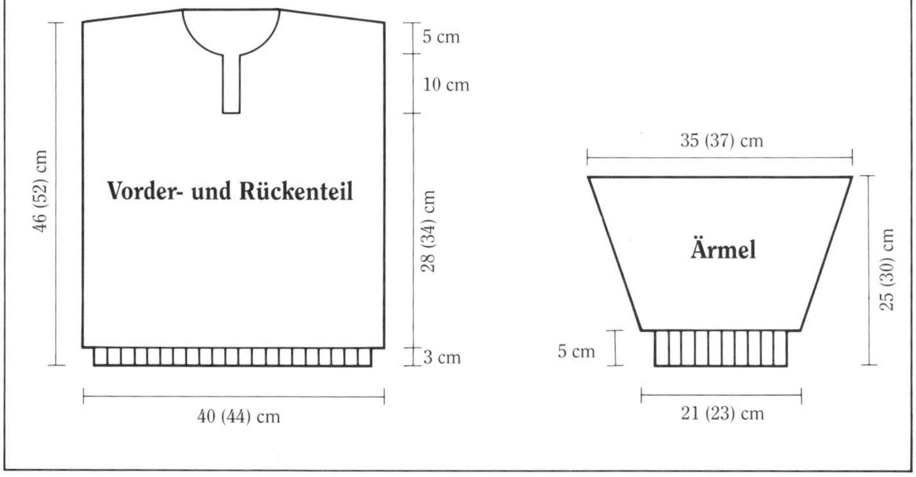

Norwegerjacke mit Schalkragen Seite 20

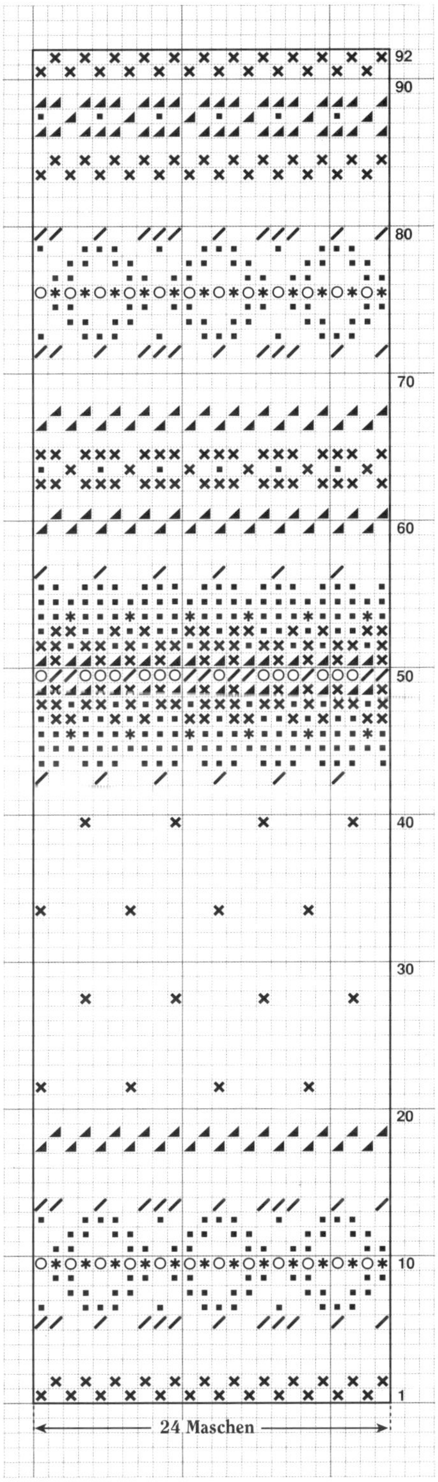

Farbschlüssel

- □ Marineblau
- ■ Rot
- ✕ Grün
- / Gelb
- O Weiß
- ✱ Lila
- ◢ Blassblau

Material

5 x 50 g Rowan Designer DK Wool (Sportwolle) in Marineblau (A)
2 x 50 g in Rot
je ein Knäuel in Grün, Gelb, Weiß, Lila und Blassblau
Stricknadeln Nr. 3¼ und 4
Rundstricknadeln Nr. 3¼ und 4
4 Köpfe

Maße

Alter	2–4	Jahre
Jacken-Weite	75	cm
Länge	44	cm
Ärmellänge (innen)	31	cm

Maschenprobe

Mit Nadeln Nr. 4 im Grundmuster gestrickt, ergeben 26 M und 26 R = 10 x 10 cm.

Abkürzungen

Siehe Seite 44.

Anmerkung

Arbeiten Sie das Zählmuster auf der Vorderseite (Hin-R, re M) von re nach li und in der Rück-R (li M) und von li nach re. Führen Sie den nicht benötigten Faden locker auf der Rückseite der Arbeit mit, um das Strickstück elastisch zu halten.

Rücken und Vorderteile

Sie werden bis zum Armausschnitt in einem Stück gearbeitet.
187 M mit der Rundstricknadel Nr. 3¼ in A anschlagen.
Stricken Sie in Hin- und Rück-R. Beginnen Sie mit einer R re M und stricken Sie 6 R glatt re.
Nächste 2 Reihen: Schlagen Sie 14 M auf und stricken Sie bis zum Ende der Reihe [215 M].
Wechseln Sie zu Rundstricknadeln Nr. 4. Beginnen Sie mit einer R re und stricken Sie 2 R glatt re.
Verwenden Sie an jedem Ende ein kleines Knäuel in A für den Besatz und verkreuzen Sie an Verbindungspunkten die Fäden, um Löcher zu vermeiden. Stricken Sie glatt re in folgendem Muster:
1. Reihe (Hin-R, re): 7 M in A, die letzten 5 M der ersten R des Zählmusters, dann wdh Sie den Rapport von 24 M bis zu den letzten 11 M, dann die ersten 4 M des Zählmusters, 7 M in A.
2. Reihe (li): 7 M in A, die letzten 4 M der 2. R des Zählmusters, dann wdh Sie den Rapport von 24 M bis zu den letzten 12 M, dann die ersten 5 M des Zählmusters, 7 M in A.
Diese beiden R bilden das Muster. Stricken Sie 22 R im Muster.
1. Knopflochreihe: 1 M Muster, *2 M zusstr, doppelter U, 2 M verschränkt zusstr*, 4 M Muster, wdh von * bis*, stricken Sie im Grundmuster bis zum Ende der R.
2. Knopflochreihe: Grundmuster bis zum Ende der Reihe. Stricken Sie beide U von der vorigen Reihe einzeln ab.
8 R Grundmuster. Wdh Sie die letzten 10 R zweimal, dann die beiden Knopflochreihen.
Kragen
Nächste Reihe: Stricken Sie die letzten 12 M der 57. R des Zählmusters, dann wdh Sie den Rapport bis zu den letzten 11 M, dann stricken Sie die ersten 11 M.
Nächste Reihe: Stricken Sie die letzten 11 M der 58. R, dann den Rapport bis zu den letzten 12 M, dann die ersten 12 M des Zählmusters.
Nächste Reihe: Stricken Sie die 1. M doppelt, 9 M Grundmuster, die nächste M doppelt, Grundmuster bis zu den letzten 11 M, die nächste M doppelt, 9 M Grundmuster, die letzte M doppelt. Stricken Sie eine R im Grundmuster. Die zugenommenen M werden in das Kragenmuster eingefügt.
Nächste Reihe: Stricken Sie die erste M doppelt, Grundmuster bis zum Ende der R, letzte M doppelt.
1 R Grundmuster.
Nächste Reihe: Stricken Sie die erste M doppelt, 12 M Grundmuster, nächste M doppelt, Grundmuster bis zu den letzten 14 M, nächste M doppelt, 12 M Grundmuster, letzte M doppelt.
1 R Grundmuster.
Nächste Reihe: Stricken Sie die erste M doppelt, Grundmuster bis zu der letzten M, letzte M doppelt.
1 R Grundmuster.
Nächste Reihe: Stricken Sie die erste M doppelt, 15 M Grundmuster, nächste M doppelt, Grundmuster bis zu den letzten 17 M, nächste M doppelt, 15 M Grundmuster, letzte M doppelt.
1 R Grundmuster.
Nächste Reihe: Stricken Sie die erste M doppelt, Grundmuster bis zum Ende der Reihe, die letzte M doppelt [233 M].
1 R Grundmuster.
Teilen der Arbeit in Armhöhe
Nächste Reihe: Stricken Sie die erste M doppelt, 18 M Grundmuster, nächste M doppelt, 47 M Grundmuster, nächste M doppelt, wenden Sie die Arbeit [71 M].
Beenden Sie die re Vorderseite. Nehmen Sie an der Kragenkante wie zuvor 1 M zu: am inneren Rand 4-mal in jeder 4. R und am äußeren Rand in jeder 2. R [83 M]. Nehmen Sie am äußeren Rand weiter zu, bis Sie 92 M auf der Nadel haben. Wiederholen Sie das Zählmuster ab 41. R, wenn Sie bei der 92. R angelangt sind. 10 R Grundmuster.
Schulterabnahme
Ketten Sie 15 M am Anfang der nächsten und übernächsten R ab. Setzen Sie die Arbeit in A über die verbleibenden 62 M für den hinteren Teil des Kragens fort. Stricken Sie 6 R.
Kragen
1. Reihe: 1 M abh, re bis zu den letzten 7 M, Fv, 1 M abh, Fh, wenden.
2. Reihe: 1 M abh, li bis zu den letzten 7 M, Fh, 1 M abh, Fv, wenden.

3. Reihe: 1 M abh, re bis zu den letzten 14 M, Fv, 1 M abh, Fh, wenden.
4. Reihe: 1 M abh, li bis zu den letzten 14 M, Fh, 1 M abh, Fv, wenden.
5. Reihe: 1 M abh, re bis zu den letzten 21 M, Fv, 1 M abh, Fh, wenden.
6. Reihe: 1 M abh, li bis zu den letzten 21 M, Fh, 1 M abh, Fv, wenden.
7. Reihe: 1 M abh, re bis zu den letzten 28 M, Fv, 1 M abh, Fh, wenden.
8. Reihe: 1 M abh, li bis zu den letzten 28 M, Fh, 1 M abh, Fv, wenden.
1 M abh, re bis zum Ende der Reihe. Stricken Sie 3 R über alle M.
Nächste 2 Reihen: wie 7. und 8. R.
Nächste 2 Reihen: wie 5. und 6. R.
Nächste 2 Reihen: wie 3. und 4. R.
Nächste 2 Reihen: wie 1. und 2. R.
1 M abh, re bis zum Ende der R. Stricken Sie weiter, bis die kurze Seite des Kragens 7,5 cm lang ist. Die letzte R ist eine Rück-R. Legen Sie diese M auf einer Hilfsnadel still.
Beginnen Sie die Arbeit wieder auf der Vorderseite beim Armausschnitt und stricken Sie 97 M im Grundmuster, wenden Sie die Arbeit. Beenden Sie das Rückenteil. Stricken Sie 43 R und beginnen Sie nach R 92 des Zählmusters wieder bei R 41.

Schulterabnahme
Ketten Sie am Anfang der nächsten 4 R jeweils 15 M ab. Ketten Sie die verbleibenden 37 M ab. Setzen Sie die Arbeit auf der Vorderseite fort. Stricken Sie die 1. M doppelt , 47 M Grundmuster, stricken Sie die nächste M doppelt, 18 M Grundmuster, stricken Sie die letzte M doppelt. Stricken Sie mit diesen 71 M das linke Vorderteil seitenverkehrt zum rechten.

Norwegerjacke mit Schalkragen

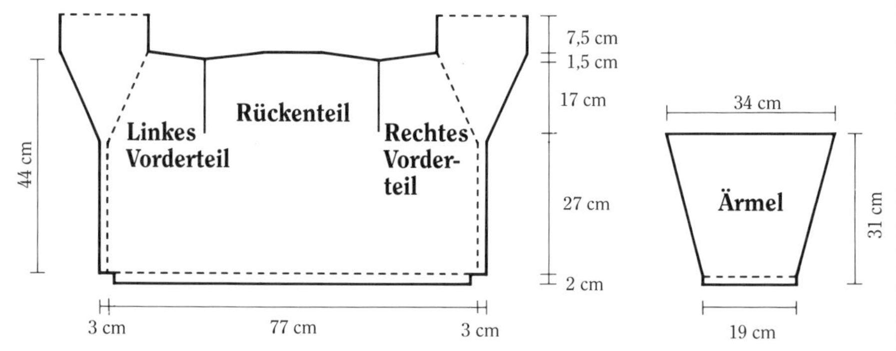

Sie legen die rechten Seiten der Kragenteile aufeinander und nehmen von jeder Nadel eine M, stricken sie zusammen und ketten die M ab.

Ärmel
Mit Nadeln Nr. 3¼ 49 M in A anschlagen. Beginnen Sie mit einer R re und stricken Sie 7 R glatt re. Stricken Sie 1 R re als Bruchlinie. Wechseln Sie zu Nadeln Nr. 4.
Beginnen Sie mit einer R re und stricken Sie 2 R glatt re.
1. Reihe (Hinreihe): Letzte M der ersten R des Zählmusters re, dann den Rapport 2-mal re.
2. Reihe: Den Rapport zweimal li, dann die erste M li.
Diese zwei R bilden das Muster. Stricken Sie nun die 3. bis 42. R des Zählmusters. Nehmen Sie beidseitig in der 7. R und 11-mal in jeder folgenden 3. R 1 M zu. Die zugenommenen M werden in das Grundmuster integriert [73 M]. Stricken Sie nun die 31. bis 70. R des Zählmusters. Nehmen Sie beidseitig 8-mal in jeder 4. R 1 M zu [89 M]. Ketten Sie die M ab.

Fertigstellung
Nähen Sie die Schultern zusammen. Setzen Sie die Ärmel ein; die Ärmelmitte liegt auf der Schulternaht. Schlagen Sie das Ärmelbündchen an der Bruchlinie nach innen und nähen Sie es fest. Verfahren Sie genauso mit Rücken- und Vorderteilen. Legen Sie den Besatz an den Vorderteilen und den Kragen auf die linke Seite und nähen Sie sie fest. Nähen Sie nun die offenen unteren Kanten fest. Umstechen Sie die Knopflöcher. Nähen Sie die Knöpfe an.

Aran-Jacke Seite 21

Material
8 x 100 g Rowan Magpie Aran
(dickeres Schnellstrickgarn)
Nadeln Nr. 4 und 5
Zopfnadel
Häkelnadel
12 Knöpfe

Maße

Alter	4–6	Jahre
Jacken-Weite	92	cm
Länge	51	cm
Ärmellänge (innen)	31	cm

Maschenprobe
Mit Nadeln Nr. 5 über einen Musterstreifen gestrickt, ergeben 26 M und 25 R = 10 x 10 cm.

Akürzungen
Z3V = 2 M auf Zopfnadel abheben, vor die Arbeit legen, 1 M li, dann die 2 M der Zopfnadel re.
Z3H = 2 M auf Zopfnadel abheben und hinter die Arbeit legen, 2 M re, dann die 1 M der Zopfnadel li.
Z4H = 2 M auf Zopfnadel abheben und hinter die Arbeit legen, 2 M re, dann die 2 M der Zopfnadel re.
Z4V = 2 M auf Zopfnadel abheben und vor die Arbeit legen, 2 M re, dann die 2 M der Zopfnadel re.
Dr4V = 3 M auf die Zopfnadel abheben und vor die Arbeit legen, 1 M li, dann die 3 M der Zopfnadel: 1 M re, 1 M li, 1 M re.
Dr4H = 3 M auf die Zopfnadel abheben und hinter die Arbeit legen, 1 M re, 1 M li, 1 M re, dann die M der Zopfnadel li.
Siehe auch Seite 44.

Muster A
Wird über 12 M gearbeitet.
1. Reihe (Rückreihe): 3 M re, 1 M li, 1 M re, 2 M li, 1 M re, 1 M li, 3 M re.
2. Reihe: 3 M li, 3 M auf Zopfnadel abheben und vor die Arbeit legen, 1 M re, 1 M li, 1 M re, dann die 3 M der Zopfnadel: 1 M re, 1 M li, 1 M re; 3 M li.
3. Reihe: wie 1. R.
4. Reihe: 3 M li, 1 M re, 1 M li, 2 M re, 1 M li, 1 M re, 3 M li.
5. bis 7. Reihe: wie 1. bis 3. R.
8. Reihe: 2 M li, Dr4V, Dr4H, 2 M li.
9. Reihe: 2 M re, [1 M li, 1 M re, 1 M li, 2 M re] zweimal.
10. Reihe: 2 M li, [1 M re, 1 M li, 1 M re, 2 M li] zweimal.
11. bis 17. Reihe: Wdh 9. und 10. R dreimal, dann noch einmal die 9. R.
18. Reihe: 2 M li, Dr4V, Dr4H, 2 M li.
Diese 18 R bilden das Muster.

Muster B
Wird über 24 M gearbeitet.
1. Reihe (Rückreihe): 1 M li, 5 M re, 4 M li, 4 M re, 4 M li, 5 M re, 1 M li.
2. Reihe: 1 M re verschr., 5 M li, Z4H, 4 M li, Z4V, 5 M li, 1 M re verschr.
3. Reihe: wie 1. R.
4. Reihe: 1 M re verschr., 4 M li, Z3H, Z3V, 2 M li, Z3H, Z3V, 4 M li, 1 M re verschr.
5. Reihe: 1 M li, 4 M re, 2 M li, [2 M re, 2 M li] dreimal, 4 M re, 1 M li.
6. Reihe: 1 M re verschr., 3 M li, [Z3H, 2 M li, Z3V] zweimal, 3 M li, 1 M re verschr.
7. Reihe: 1 M li, 3 M re, 2 M li, 4 M re, 4 M li, 4 M re, 2 M li, 3 M re, 1 M li.
8. Reihe: 1 M re verschr., 3 M li, 2 M re, 4 M li, Z4H, 4 M li, 2 M re, 3 M li, 1 M re verschr.
9. Reihe: wie 7. R.
10. Reihe: 1 M re verschr., 3 M li, 2 M re, 4 M li, 4 M re, 4 M li, 2 M re, 3 M li, 1 M re verschr.
11. bis 13. Reihe: wie 7. bis 9. R.
14. Reihe: 1 M re verschr., 3 M li, [Z3V, 2 M li, Z3H] zweimal, 3 M li, 1 M re verschr.
15. Reihe: wie 5. R.
16. Reihe: 1 M re verschr., 4 M li, Z3V, Z3H, 2 M li, Z3V, Z3H, 4 M li, 1 M re verschr.
17. bis 21. Reihe: wie 1. bis 5. R.
22. Reihe: 1 M re verschr., 4 M li, [2 M re, 2 M li] zweimal, 2 M re, 6 M auf Zopfnadel abheben, den Faden viermal entgegen dem Uhrzeigersinn um diese 6 M wickeln, die M auf die re Nadel heben, 2 M li, 2 M re, 4 M li, 1 M re verschr.
23. Reihe: wie die 5. R.

24. Reihe: wie die 16. R.
Diese 24 R bilden das Muster.

Muster C

Wird über 12 M gearbeitet.
1. Reihe (Rückreihe): 3 M re, 1 M li, 1 M re, 2 M li, 1 M re, 1 M li, 3 M re.
2. Reihe: 3 M li, 3 M auf Zopfnadel hinter die Arbeit legen, 1 M re, 1 M li, 1 M re, dann M der Zopfnadel: 1 M re, 1 M li, 1 M r; 3 M li.
3. Reihe: wie 1. R.
4. Reihe: 3 M li, 1 M re, 1 M li, 2 M re, 1 M li, 1 M re, 3 M li.
5. bis 7. Reihe: wie 1. bis 3. R.
8. Reihe: 2 M li, Dr4H, Dr4V, 2 M li.
9. Reihe: 2 M re, [1 M li, 1 M re, 1 M li, 2 M re] zweimal.
10. Reihe: 2 M li, [1 M re, 1 M li, 1 M re, 2 M li] zweimal.
11. bis 17. Reihe: Wdh 9. und 10. R dreimal, dann noch einmal die 9. R.
18. Reihe: 2 M li, Dr4V, Dr4H, 2 M li.
Diese 18 R bilden das Muster.

Rückenteil

95 M mit Nadeln Nr. 4 anschlagen.
1. Reihe: 1 M li, [1 M re, 1 M li] bis zum Ende. Diese R bildet das Perlmuster. Wdh Sie die letzte R noch dreimal.
Zunahme-Reihe: 7 M Perlmuster, [Z 1, 4 M Perlmuster] 9-mal, Z 1, 9 M Perlmuster, [Z 1, 4 M Perlmuster] 9-mal, Z 1, 7 M Perlmuster [115 M].
Wechseln Sie zu Nadeln Nr. 5.
1. Reihe (Rückreihe): 5 M Perlmuster, 1 M li, 1. R von Muster C, 1. R von Muster B, 1. R von Muster C, 1 M li, 5 M Perlmuster, 1 M li, 1. R von Muster A, 1. R von Muster B, 1. R von Muster A, 1 M li, 5 M Perlmuster.
2. Reihe: 5 M Perlmuster, 1 M re verschr., 2. R von Muster A, 2. R von Muster B, 2. R von Muster A, 1 M re verschr., 5 M Perlmuster, 1 M re verschr., 2. R von Muster C, 2. R von Muster B, 2. R von Muster C, 1 M re verschr., 5 M Perlmuster.
Stricken Sie in dieser Musteraufteilung, bis das Rückenteil 51 cm lang ist. Die letzte R ist eine Rück-R.
Schulterabnahme
Ketten Sie 20 M am Anfang der nächsten 4 R ab. Legen Sie die verbleibenden 35 M auf einer Hilfsnadel still.

Taschenbeutel (zweimal arbeiten)

24 M mit Nadeln Nr. 5 anschlagen. Stricken Sie die 1. bis 24. R von Muster B, dann noch einmal die 1. bis 4. R. Legen Sie die M auf einer Hilfsnadel still.

Linkes Vorderteil

50 M mit Nadeln Nr. 4 anschlagen.
1. Reihe: [1 M li, 1 M re] bis zum Ende der R.
2. Reihe: [1 M re, 1 M li] bis zum Ende der R.
Diese beiden R bilden das Perlmuster. Wdh Sie diese beiden R noch einmal.
Zunahme-Reihe: 7 M Perlmuster, [Z 1, 2 M Perlmuster] 3-mal, Z 1, 24 M Perlmuster, Z 1, [2 M Perlmuster, Z 1] 3-mal, 7 M Perlmuster [58 M].
Wechseln Sie zu Nadeln Nr. 5.
1. Reihe (Rückreihe): 5 M Perlmuster, 1 M li, 1. R von Muster A, 22 M Perlmuster, 1. R von Muster A, 1 M li, 5 M Perlmuster.
2. Reihe: 5 M Perlmuster, 1 M re verschr., 2. R von Muster A, 22 M Perlmuster, 2. R von Muster A, 1 M re verschr., 5 M Perlmuster.
Stricken Sie weitere 25 R in dieser Mustereinteilung.
Tasche
Nächste Reihe: 18 M im Muster, 22 M im Perlmuster abketten, Muster bis zum Ende der R.
Nächste Reihe: 18 M Muster, fügen Sie den Innenbeutel anstelle der abgeketteten M als Muster B ein, Muster bis zum Ende der R [60 M].
Stricken Sie in dieser Mustereinteilung weiter, bis das Vorderteil 43 cm lang ist. Die letzte R ist eine Rück-R.
Halsausschnitt
Nächste Reihe: Muster bis zu den letzten 6 M. Wenden Sie die Arbeit. Die 6 M werden auf einer Sicherheitsnadel stillgelegt.
Ketten Sie im Musterverlauf 3 M am Anfang der nächsten und aller folgenden 2. R ab.
Danach nehmen Sie 1 M an der Halsseite in jeder R ab, bis Sie 40 M auf der Nadel haben.
Schulterabnahme
Ketten Sie 20 M am Anfang der nächsten R ab. Stricken Sie 1 R und ketten Sie die verbleibenden 20 M ab.
Kennzeichnen Sie die Position der 8 Knöpfe auf der Blende: der erste 6 R oberhalb des Anschlags, der letzte 2 R unterhalb des Halsausschnittes. Die restlichen sechs Knöpfe gleichmäßig dazwischen.

Rechtes Vorderteil

50 M mit Nadeln Nr. 4 anschlagen.
1. Reihe: [1 M re, 1 M li] bis zum Ende der R.
2. Reihe: [1 M li, 1 M re] bis zum Ende der R.
Diese beiden R bilden das Perlmuster. Wdh Sie diese beiden R noch einmal.
Zunahme-Reihe: 7 M Perlmuster, [Z 1, 2 M Perlmuster] 3-mal, Z 1, 24 M Perlmuster, Z 1, [2 M Perlmuster, Z 1] 3-mal, 7 M Perlmuster [58 M].
Wechseln Sie zu Nadeln Nr. 5.
1. Reihe (Rückreihe): 5 M Perlmuster, 1 M li, 1. Reihe von Muster C, 22 M Perlmuster, 1. Reihe von Muster C, 1 M li, 5 M Perlmuster.
2. (Knopfloch-) Reihe: 2 M Perlmuster, 1 U, 2 M li zusstr, 1 M re, 1 M re verschr., 2. R von Muster C, 22 M Perlmuster, 2. R von Muster C, 1 M re verschr., 5 M Perlmuster.
Beenden Sie das rechte Vorderteil gegengleich zum linken. Arbeiten Sie die Knopflöcher an den entsprechenden Stellen ein.

Ärmel

38 M mit Nadeln Nr. 4 anschlagen. Stricken Sie 12 R im Rippenmuster: 1 M re, 1 M li.
Zunahme-Reihe: 2 M Rippenmuster, [Z 1, 2 M Rippenmuster] bis zum Ende der R [56 M].
Wechseln Sie zu Nadeln Nr. 5.
1. Reihe (Rückreihe): 1 M li, 1 M re, 2 M li, 1. R von Muster C, 1. R von Muster B, 1. R von Muster A, 2 M li, 1 M re, 1 M li.
2. Reihe: 1 M li, 1 M re, 1 M li, 1 M re verschr., 2. R von Muster A, 2. R von Muster B, 2. R von Muster C, 1 M re verschr., 1 M li, 1 M re, 1 M li.
Diese beiden R bilden das Muster.
In dieser Musteraufteilung weiterstr und beidseitig in der nächsten Reihe und jeder 4. R 1 M zunehmen, bis Sie 82 M auf der Nadel haben. Die zugen. M im Perlmuster arbeiten. Stricken Sie bis zu einer Länge von 31 cm. Die letzte R ist eine Rück-R. Ketten Sie die M ab.

Kragen

Schließen Sie die Schulternähte. Die 6 M von der Sicherheitsnadel des re Vorderteils auf Nadeln Nr. 4 nehmen, aus der re Halsausschnittkante 21 M aufnehmen, re str, ebenso die M des Rückenteils. Dann nehmen Sie aus der li Halsausschnittkante ebenfalls 21 M auf, re str, die M der anderen Sicherheitsnadel stricken Sie im Perlmuster [89 M]. Stricken Sie 1 R im Perlmuster.
Nächste 2 Reihen: Perlmuster bis zu den letzten 24 M, wenden.
Nächste 2 Reihen: Perlmuster bis zu den letzten 21 M, wenden.
Nächste 2 Reihen: Perlmuster bis zu den letzten 18 M, wenden.
In dieser Weise weiterstr und das Perlmuster am Ende der nächsten 6 R um 3 M erweitern. Am Anfang der nächsten beiden R 3 M abnehmen. Stricken Sie 20 R im Perlmuster. Ketten Sie die M locker im Perlmuster ab.

Taschenklappen (zweimal arbeiten)

21 M mit Nadeln Nr. 5 anschlagen. Stricken Sie 8 R im Perlmuster, wie beim Rückenteil-Bund. Nehmen Sie beidseitig in der nächsten R und dreimal in jeder 2. R 1 M ab.
Knopflochreihe: 6 M Perlmuster, 1 U, 2 M zusstr, 5 M Perlmuster.
Nehmen Sie beidseitig in den nächsten 2 R 1 M ab. Ketten Sie die M im Perlmuster ab.
Umhäkeln Sie die Taschenklappe auf der Vorderseite mit einer R fester M (ohne die Anschlagseite). Wenden Sie die Arbeit nicht und häkeln Sie eine R Krebsmaschen.
Vernähen Sie den Faden.

Gürtel

61 M mit Nadeln Nr. 4 anschlagen.
Stricken Sie 9 R im Perlmuster, wie beim Rückenteilbund. Ketten Sie die M im Perlmuster ab.

Fertigstellung

Setzen Sie die Ärmel ein; die Ärmelmitte liegt auf der Schulternaht. Schließen Sie Seiten- und Ärmelnähte. Nähen Sie die Taschenklappen fest. Befestigen Sie den Gürtel auf der Rückseite und sichern Sie ihn mit zwei Knöpfen. Nähen Sie die Knöpfe an.

Aran-Jacke

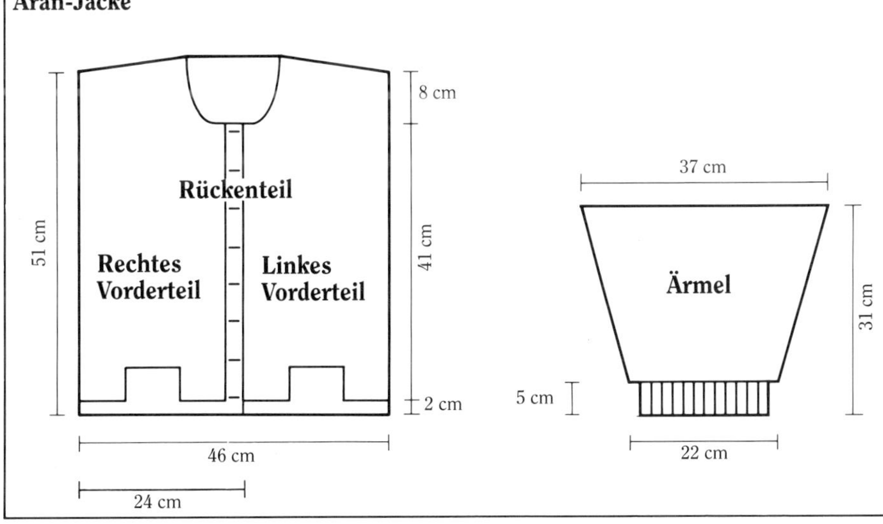

Jacke und Mütze mit Vögeln Seite 22

Material
Jacke: 2 x 50 g Rowan DK Handknit Cotton (mittelstarkes Baumwollgarn) in Königsblau und Meergrün
Je 1 Knäuel in Kirschrot, Orange, Braun, Lindgrün, Ecru, Gelb, Jadegrün und Rot
Stricknadeln Nr. 4
Häkelnadel mittlerer Stärke
4 Knöpfe
Mütze: 2 x 50 g Rowan DK Handknit Cotton in Königsblau
Je 1 Knäuel in Meergrün, Kirschrot, Orange, Braun, Lindgrün, Ecru, Gelb, Jadegrün und Rot
Stricknadeln Nr. 4
Häkelnadel mittlerer Stärke

Maße

Alter	6–12	Monate
Jacken-Weite	65	cm
Länge	28	cm
Ärmellänge (innen)	18	cm

Maschenprobe
Mit Nadeln Nr. 4 im Grundmuster gestrickt, ergeben 20 M und 28 R = 10 x 10 cm.

Abkürzungen
LM = Luftmasche
fM = feste Masche
KM = Kettmasche
Siehe auch Seite 44.

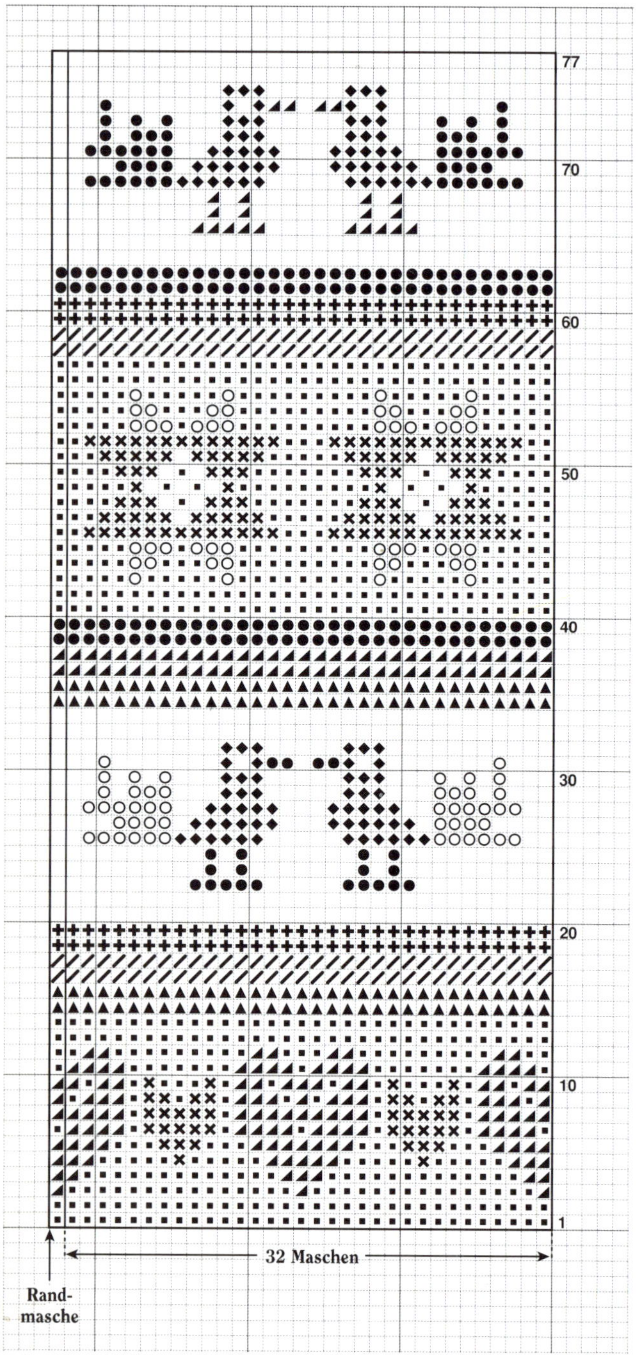

Farbschlüssel
- Königsblau
- Meergrün
- Kirschrot
- Orange
- Braun
- Lindgrün
- Ecru
- Gelb
- Jadegrün
- Rot

Anmerkung
Wenn Sie nach dem Zählmuster arbeiten, verwenden Sie bitte für jede Kontrastfarbe ein eigenes kleines Knäuel. Verkreuzen Sie die Fäden auf der Rückseite, um Löcher zu vermeiden.

Jacke

Rückenteil und Vorderteile
Sie werden in einem Stück bis zum Armausschnitt gestrickt.
129 M mit Nadeln Nr. 4 in Meergrün anschlagen. Beginnen Sie mit einer R re und stricken Sie glatt re und nach dem Zählmuster bis einschließlich der 42. R.
Armausschnitt
Nächste Reihe: Stricken Sie 32 M im Muster und wenden Sie die Arbeit.
Beenden Sie zunächst das re Vorderteil.
Stricken Sie 9 R geradeaus hoch.
Halsausschnitt
Stricken Sie weiterhin nach dem Zählmuster und nehmen Sie 1 M am Beginn der nächsten R und jeder 2. R ab, bis Sie 19 M auf der Nadel haben. Beenden Sie das Vorderteil in Königsblau.
Schulterabnahme
Ketten Sie 10 M am Anfang der nächsten R ab. Stricken Sie eine weitere R und ketten Sie die verbleibenden 9 M ab.
Stricken Sie auf der Vorderseite der Arbeit weiter. Ketten Sie eine M ab und stricken Sie im Muster weiter, bis Sie 63 M auf der re Nadel haben. Stricken Sie nun das Rückenteil.
Stricken Sie 33 R nach dem Zählmuster.
Beenden Sie das Rückenteil in Königsblau.
Schulterabnahme
Ketten Sie am Anfang der nächsten 2 R 10 M ab und 9 M am Anfang der darauf folgenden 2 R. Ketten Sie die verbleibenden 25 M ab.
Stricken Sie nun das linke Vorderteil gegengleich zum rechten. Ketten Sie 1 M ab und stricken Sie nach dem Zählmuster. Beachten Sie, dass die letzte Halsabnahme in der ersten R der Schulterabnahme gearbeitet wird.

Ärmel
33 M mit Nadeln Nr. 4 in Braun anschlagen. Beginnen Sie mit einer R re und der 15. R des Zählmusters. Stricken Sie glatt re nach dem Zählmuster. Gleichzeitig nehmen Sie beidseitig

in der 3. R und jeder folgenden 4. R 1 M zu, bis Sie 53 M auf der Nadel haben. Fügen Sie die zugenommenen M in das Muster ein. Stricken Sie 9 R geradeaus hoch. Ketten Sie die M ab.

Fertigstellung
Schließen Sie die Schulternähte.
Häkelblende
Umhäkeln Sie die Ränder der Jacke mit fM. Beginnen Sie in der Mitte der unteren Kante. Arbeiten Sie in jede Eck-M 3 fM, häkeln Sie eine KM in die erste Abnahme.
Nächste Runde: Eine KM, eine fM in jede fM. Arbeiten Sie 4 Knopflochschlingen entlang der re Vorderseite: Häkeln Sie 2 LM und übergehen Sie 2 fM. Häkeln Sie eine KM in eine LM. Wenden Sie die Arbeit nicht. Häkeln Sie eine Runde Krebsmaschen. Beenden Sie die Häkelreihen.
Setzen Sie die Ärmel ein; die Ärmelmitte liegt auf der Schulternaht. Schließen Sie die Ärmelnähte.
Umhäkeln Sie auch den unteren Rand der Ärmel. Nähen Sie die Knöpfe an.

Mütze

Ohrenklappen (zweimal arbeiten)
6 M mit Nadeln Nr. 4 in Kirschrot anschlagen. Stricken Sie 1 R li. Sricken Sie dann 1 R re und stricken Sie glatt re weiter in folgender Farbaufteilung: 2 R Meergrün, 2 R Braun, 2 R Lindgrün, 2 R Ecru, 2 R Königsblau, 2 R Orange, 2 R Gelb, 2 R Kirschrot, 2 R Meergrün, 2 R Braun und 2 R Lindgrün. Gleichzeitig nehmen Sie beidseitig in der 1. R und dreimal in jeder 2. R 1 M zu [20 M]. Legen Sie die M auf einer Hilfsnadel still.

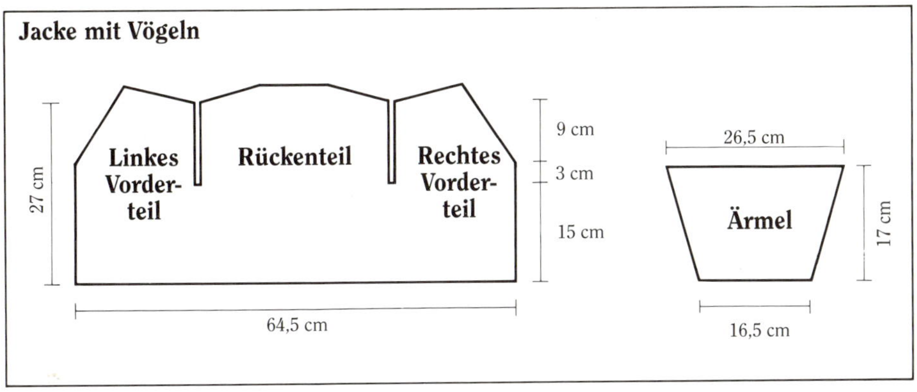

Hauptteil
13 M mit Nadeln Nr. 4 in Königsblau anschlagen, re stricken, dann die 20 M der ersten Ohrklappe. Schlagen Sie weitere 13 M an und stricken dann re über die 20 M der zweiten Ohrklappe [97]. Stricken Sie 1 R li und dann in folgender Farbaufteilung: 2 R Orange, 2 R Gelb, 2 R Kirschrot, 2 R Meergrün, 2 R Braun, 2 R Lindgrün und 2 R Ecru.
Stricken Sie nun die 21. bis 34. R des Zählmusters.
Abnahme
Nächste Reihe: In Braun 2 M re, [2 M re zusstr, 3 M re, 2 M re zusstr, 2 M re] bis zu den letzten 5 M, 2 M re zusstr, 3 M re [76 M].
Stricken Sie dann 1 R Braun, 2 R Kirschrot, 2 R Gelb, 2 R Orange und 2 R Meergrün.
Nächste Reihe: In Lindgrün 1 M re, [2 M re zusstr, 1 M re] bis zum Ende der R [51 M].
Stricken Sie 1 R Lindgrün, 2 R Ecru und 2 R Braun.
Nächste Reihe: In Kirschrot 1 M re, [2 M re zusstr] bis zum Ende der R [26 M].
Stricken Sie 1 R Kirschrot und 4 R in Königsblau. Die Mütze wird in Königsblau beendet.
Nächste Reihe: [2 M re zusstr] bis zum Ende der R [13 M].
Stricken Sie 3 R.
Nächste Reihe: 1 M re, [2 M re zusstr] bis zum Ende der R [7 M]. Schneiden Sie den Faden ab und ziehen Sie den Faden durch die verbleibenden 7 M, ziehen Sie die M zusammen und vernähen Sie den Faden.

Fertigstellung
Schließen Sie die rückwärtige Naht. Umhäkeln Sie die Mützenränder auf der Vorderseite in Königsblau mit fM. In Jede Eck-M häkeln Sie 2 fM, 1 KM in die Abnahme. Wenden Sie die Arbeit nicht und häkeln Sie 1 R Krebsmaschen. Vernähen Sie den Faden.

Jacke mit Rosen Seite 23

Material
6 x 50 g Rowan DK Handknit Cotton (mittelstarkes Baumwollgarn) in Gold (A)
Je 1 Knäuel Dunkelgrün, Hellgrün, Pink, Rot und Orange
Stricknadeln Nr. 3¼ und 4
7 Knöpfe

Maße

Alter	2–4	Jahre
Jacken-Weite	79	cm
Länge	31	cm
Ärmellänge (innen)	23	cm

Maschenprobe
Mit Nadeln Nr. 4 glatt re gestrickt, ergeben 20 M und 28 R = 10 x 10 cm.

Abkürzungen
Siehe Seite 44.

Anmerkung
Wenn Sie nach dem Zählmuster arbeiten, verwenden Sie für jede Kontrastfarbe ein kleines Knäuel. Verkreuzen Sie die Fäden auf der Rückseite, damit keine Löcher entstehen.

Rückenteil
72 M mit Nadeln Nr. 3¼ in A anschlagen.
1. Reihe (Hinreihe): [1 M re, 1 M li] bis zum Ende der R.
2. Reihe: [1 M li, 1 M re] bis zum Ende der R.
Diese beiden R bilden das Perlmuster. Wdh Sie diese beiden R noch dreimal.

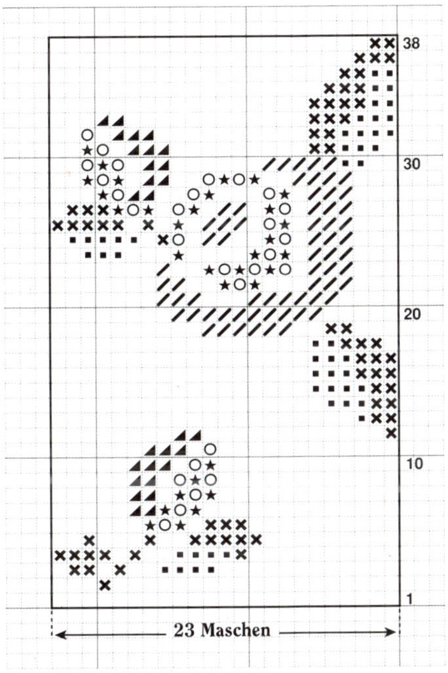

Farbschlüssel

- ☐ Gold
- ☒ Dunkelgrün
- ■ Hellgrün
- ★ Pink (li M in Hinreihen, re in Rückreihen)
- ○ Pink
- ◢ Rot
- ⁄ Orange

Wechseln Sie zu Nadeln Nr. 4.
1. Reihe: 7 M re in A, stricken Sie die 1. R des Zählmusters von re nach li, 12 M re in A, 1. R des Zählmusters von li nach re, 7 M re in A.
2. Reihe: 7 M li in A, 2. R des Zählmusters von re nach li, 12 M li in A, 2. R des Zählmusters von li nach re, 7 M li in A.
Diese 2 R legen die Mustereinteilung fest.
Stricken Sie nach dem Zählmuster und beachten Sie, daß die Bereiche in Pink im Perlmuster gearbeitet werden. Gleichzeitig nehmen Sie beidseitig 1 M in der 5. R und dreimal in jeder 8. R zu. Die zugenommenen M werden in A gearbeitet. Stricken Sie nach dem Zählmuster 9 R geradeaus hoch.
Armausschnitt
Ketten Sie am Anfang der nächsten beiden R 4 M ab [72 M].
Stricken Sie nach dem Zählmuster 34 R, 2 R glatt re in A, danach 6 R im Perlmuster.
Schulterabnahme
Ketten Sie 12 M am Anfang der nächsten 4 R ab. Legen Sie die verbleibenden M auf einer Hilfsnadel still.

Linkes Vorderteil
38 M mit Nadeln Nr. 3¼ in A anschlagen.
Stricken Sie 8 R Perlmuster, wie beim Bund des Rückenteils.
Wechseln Sie zu Nadeln Nr. 4.
1. Reihe: 7 M re in A, stricken Sie die 1. R des Zählmusters von re nach li, 3 M re in A, 5 M Perlmuster.
2. Reihe: 5 M Perlmuster in A, 3 M li, 2. R des Zählmusters von li nach re, 7 M li in A.
Diese 2 R legen die Mustereinteilung fest.

Stricken Sie nach dem Zählmuster weiter, nehmen Sie 1 M am Anfang der 5. R und noch dreimal nach jeder 8. R zu [42 M]. Stricken Sie 9 R im Zählmuster geradeaus hoch.

Armausschnitt
Nehmen Sie 4 M am Anfang der nächsten R ab [38 M]. Stricken Sie 29 R nach Zählmuster.

Halsausschnitt
Nächste Reihe: Stricken Sie im Muster bis zu den letzten 5 M und wenden Sie die Arbeit. Die 5 M legen Sie auf einer Sicherheitsnadel still. Ketten Sie 3 M am Anfang der nächsten R ab. Nehmen an der Halsseite in den nächsten 4 R 1 M ab. Setzen Sie die Arbeit in A fort. Stricken Sie 2 R und nehmen Sie an der Halsseite in diesen R 1 M ab [24 M]. Stricken Sie 6 R im Perlmuster.

Schulterabnahme
12 M am Anfang der nächsten R abk. Stricken Sie 1 R. Ketten Sie die verbleibenden 12 M ab. Kennzeichnen Sie an der Vorderteilblende die Position der 5 Knöpfe: 1. 2 R oberhalb des Anschlags, der letzte 2 R unterhalb des Halsausschnitts und die verbleibenden 3 gleichmäßig dazwischen.

Rechtes Vorderteil
38 M mit Nadeln Nr. 3¼ in A anschlagen. Arbeiten Sie 2 R im Perlmuster, wie beim Bund des Rückenteils.
Knopflochreihe (Hinreihe): 2 M Perlmuster, 2 M re zusstr, 1 U, 1 M re, Perlmuster bis zum Ende der R.
Stricken Sie weitere 5 R im Perlmuster. Wechseln Sie zu Nadeln Nr. 4.
1. Reihe: 5 M Perlmuster in A, 3 M re, 1. R des Zählmusters von li nach re, 7 M re in A.
2. Reihe: 7 M li in A, 2. R des Zählmusters von re nach li, 3 M li in A, 5 M im Perlmuster.
Beenden Sie dieses Vorderteil gegengleich zum linken und arbeiten Sie an den entsprechenden Stellen Knopflöcher.

Ärmel
38 M mit Nadeln Nr. 3¼ in A anschlagen. Stricken Sie 11 R im Perlmuster, wie beim Bund des Rückenteils.
Zunahme-Reihe: 6 M Perlmuster, [Z 1, 4 M Perlmuster] bis zum Ende der R [46 M]. Wechseln Sie zu Nadeln Nr. 4.
1. Reihe: Stricken Sie die letzten 19 M der 1. R des Zählmusters von re nach li, 8 M re in A, dann die ersten 19 M der 1. R von li nach re.
2. Reihe: Stricken Sie die letzten 19 M der 2. R des Zählmusters von re nach li, 8 M li in A, dann die ersten 19 M der 2. R von li nach re.
Diese beiden R legen die Mustereinteilung fest. Stricken Sie weiter nach dem Zählmuster und nehmen Sie beidseitig in der 3. R und jeder weiteren 5. R 1 M zu, bis Sie 64 M auf der Nadel haben. Stricken Sie im Muster weitere 5 R. Kennzeichnen Sie diese R. Stricken Sie weitere 6 R und ketten Sie die M ab.

Kragen
Schließen Sie die Schulternähte.
Beginnen Sie bei der rechten Vorderseite und nehmen Sie die M der Sicherheitsnadel auf Nadeln Nr. 4. Aus dem Halsausschnitt 21 M aufnehmen und re abstricken. Die M des Rückenteils werden: 2 M re, [Z 1, 2 M re] 11-mal gestrickt. Nehmen Sie nun aus dem li Halsausschnitt 21 M auf und stricken sie re, die M der Sicherheitsnadel im Perlmuster [87 M].
Nächste Reihe: 8 M Perlmuster, re bis zu den letzten 8 M, 8 M Perlmuster.
Nächste Reihe: Ketten Sie 4 M ab, erweitern Sie das Perlmuster um 3 M, 57 M li, wenden.
Nächste Reihe: 43 M re, wenden.
Nächste Reihe: 46 M li, wenden.
Nächste Reihe: 49 M re, wenden.
Arbeiten Sie in dieser Weise weiter und stricken Sie am Ende der nächsten 6 R 3 M

mehr, wenden und stricken Sie li bis zu den letzten 8 M, 8 M Perlmuster.
Nächste Reihe: Ketten Sie 4 M ab, erweitern Sie das Perlmuster um 3 M, stricken Sie re bis zu den letzten 4 M, 4 M Perlmuster.
Nächste Reihe: 4 M Perlmuster, li bis zu den letzten 4 M, 4 M Perlmuster.
Nächste Reihe: 4 M Perlmuster, Z1, re bis zu den letzten 4 M, Z1, 4 M Perlmuster.
Nächste Reihe: 4 M Perlmuster, li bis zu den letzten 4 M, 4 M Perlmuster.
Nächste Reihe: 4 M Perlmuster, re bis zu den letzten 4 M, 4 M Perlmuster.
Wdh Sie die letzten 4 R noch zweimal. Stricken Sie 5 R Perlmuster über alle M. Ketten Sie die M locker im Perlmuster ab.

Bündchenriegel (zweimal arbeiten)
7 M mit Nadeln Nr. 4 in A anschlagen.
1. Reihe: 1 M re, [1 M li, 1 M re] bis zum Ende. Diese R bildet das Perlmuster. Stricken Sie geradeaus weiter, bis der Bündchenriegel 7 cm lang ist.
Knopflochreihe: 3 M Perlmuster, 1 U, 2 M re zusstr, 2 M Perlmuster.
Stricken Sie noch 2 R Perlmuster. Nehmen Sie beidseitig 1 M in den nächsten beiden R ab.
Nächste Reihe: 1 M abheben, 2 M re zusstr, die abgehobene M darüberziehen und den Riegel beenden.

Fertigstellung
Setzen Sie die Ärmel ein; die Ärmelmitte liegt auf der Schulternaht. Nähen Sie die R oberhalb Ihrer Markierung an die abgeketteten M des Armausschnittes. Legen Sie die Bündchenriegel auf den Vorderteilbund (Anschlagseite auf Seitenkante) und nähen Sie sie fest. Schließen Sie Ärmel- und Schulternähte.

Material
10 x 50 g Rowan Cotton Glace
(dünneres Baumwollgarn, matt glänzend)
Stricknadeln Nr. 3 und 3¼
Zopfnadel

Maße

Alter	3–4	Jahre
Pullover-Weite	80	cm
Länge	41	cm
Ärmellänge (innen)	30	cm

Maschenprobe
Mit Nadeln Nr. 3¼ glatt re gestrickt, ergeben 26 M und 34 R = 10 x 10 cm.

Abkürzungen
N5 = [1 M re, 1 M li, 1 M re, 1 M li, 1 M re] in die nächste M, [wenden, 5 M re, wenden, 5 M li] zweimal. Danach wird die 2., 3., 4. und 5. M über die erste gezogen.
N4 = [1 M re, 1 M li, 1 M re, 1 M li] in die nächste M, danach die 2., 3. und 4. M über die erste ziehen.
Z2H = Nächste M auf eine Zopfnadel hinter die Arbeit legen, 1 M re und dann die der Zopfnadel re.
Z4H = Die nächsten 2 M auf eine Zopfnadel hinter die Arbeit legen, 2 M re, dann die 2 M von der Zopfnadel re.
Z3V = Die nächsten 2 M auf einer Zopfnadel vor die Arbeit legen, 1 M li, dann die 2 M der Zopfnadel re.
Z3H = Die nächste M auf einer Zopfnadel hinter die Arbeit legen, 2 M re, dann die M der Zopfnadel li.
AZD = 1 M abheben, 2 M re zusstr, die abgehobene M darüberziehen.
Siehe auch Seite 44.

Musterstreifen A
Wird über 12 M gearbeitet.
1. Reihe (Hinreihe): 3 M li, nächste M auf einer Zopfnadel hinter die Arbeit legen, 2 M re, dann die M der Zopfnadel re, 2 M auf einer Zopfnadel vor die Arbeit legen, 1 M re, dann die 2 M der Zopfnadel re, 3 M li.
2. Reihe: 3 M re, 6 M li, 3 M re.
3. Reihe: 2 M li, Z3H, Z2H, Z3V, 2 M li.
4. Reihe: 2 M re, 2 M li, [1 M re, 2 M li] zweimal, 2 M re.

Jacke mit Rosen

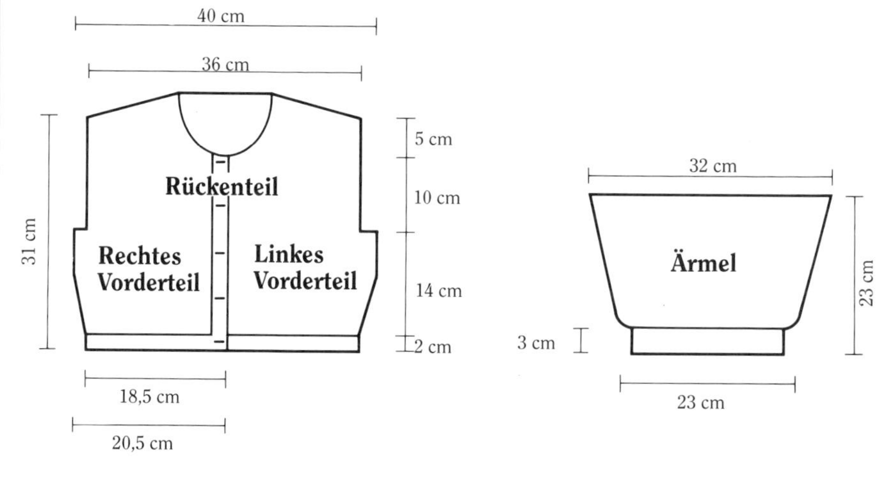

Pullover mit Guernsey-Mustern Seite 24

5. Reihe: 1 M li, Z3H, 1 M li, Z2H, 1 M li, Z3V, 1 M li.
6. Reihe: 1 M re, 2 M li, [2 M re, 2 M li] zweimal, 1 M re.
7. Reihe: Z3H, 2 M li, Z2H, 2 M li, Z3V.
8. Reihe: 2 M li, [3 M re, 2 M li] zweimal.
9. Reihe: Z3V, 2 M li, Z2H, 2 M li, Z3H.
10. Reihe: wie 6. R.
11. Reihe: 1 M li, Z3V, 1 M li, Z2H, 1 M li, Z3H, 1 M li.
12. Reihe: wie 4. Reihe.
13. Reihe: 2 M li, Z3V, Z2H, Z3H, 2 M li
14. Reihe: wie 2. R.
15. Reihe: 3 M li, Z3V, Z3H, 3 M li.
16. Reihe: 4 M re, 4 M li, 4 M re.
17. Reihe: 4 M li, 4 M re, 4 M li.
18. Reihe: wie 16. Reihe.
Diese 18 R bilden das Muster.

Musterstreifen B

Wird über 13 M gearbeitet.
1. Reihe (Hinreihe): 6 M re, 1 M li, 6 M re.
2. Reihe: 5 M li, 1 M re, 1 M li, 1 M re, 5 M li.
3. Reihe: 4 M re, 1 M li, [1 M re, 1 M li] zweimal, 4 M re.
4. Reihe: 3 M li, 1 M re, [1 M li, 1 M re] dreimal, 3 M li.
5. Reihe: 2 M re, 1 M li, [1 M re, 1 M li] viermal, 2 M re.
6. Reihe: 1 M li, [1 M re, 1 M li] sechsmal.
7. Reihe: wie 5. R.
8. Reihe: wie 4. R.
9. Reihe: wie 3. R.
10. Reihe: wie 2. R.
11. Reihe: 6 M re, 1 M li, 6 M re.
12. Reihe: 13 M li.
13. Reihe: 13 M re.
14. Reihe: 13 M li.
Diese 14 R bilden das Muster.

Musterstreifen C

Wird über 16 M gearbeitet.
1. Reihe (Hinreihe): 2 M re, 4 M li, 4 M re, 4 M li, 2 M re.
2. Reihe: 2 M li, 4 M re, 4 M li, 4 M re, 2 M li.
3. Reihe: 2 M re, 4 M li, Z4H, 4 M li, 2 M re.
4. Reihe: wie 2. R.
5. Reihe: [Z3V, 2 M li, Z3H] zweimal.
6. Reihe: 1 M re, [2 M li, 2 M re] dreimal, 2 M li, 1 M re.
7. Reihe: 1 M li, Z3V, Z3H, 2 M li, Z3V, Z3H, 1 M li.
8. Reihe: 2 M re, 4 M li, 4 M re, 4 M li, 2 M re.
9. Reihe: 2 M li, Z4H, 4 M li, Z4H, 2 M li.
10. Reihe: wie 8. R.
11. Reihe: 2 M li, 4 M re, 4 M li, 4 M re, 2 M li.
12.–18. Reihe: wie 8. bis 11. R, dann noch einmal 8. bis 10. R.
19. Reihe: 1 M li, Z3H, Z3V, 2 M li, Z3H, Z3V, 1 M li.
20. Reihe: wie 6. R.
21. Reihe: [Z3H, 2 M li, Z3V] zweimal.
22. bis 28. Reihe: wie 2. bis 4. R, dann noch einmal 1. bis 4. R.
Diese 28 R bilden das Muster.

Rückenteil

101 M mit Nadeln Nr. 3¼ anschlagen.
Randmuster
1. Reihe (Rückreihe): Re M.
2. Reihe: 5 M re, N5 [9 M re, N5] bis zu den letzten 5 M, 5 M re.
3. und 4. Reihe: Re M.
5. Reihe: 1 M li, [1 U, 3 M li, 3 M li verschr. zusstr, 3 M li, 1 U, 1 M li] bis zum Ende der R.
6. Reihe: 2 M re, [1 U, 2 M re, AZD, 2 M re, 1 U, 3 M re] bis zu den letzten 9 M, 1 U, 2 M re, AZD, 2 M re, 1 U, 2 M re.
7. Reihe: 3 M li, [1 U, 1 M li, 3 M li zusstr, 1 M li,1 U, 5 M li] bis zu den letzten 8 M, 1 U, 1 M li, 3 M li verschr. zusstr, 1 M li, 1 U, 3 M li.
8. Reihe: 4 M re, [1 U, AZD, 1 U, 7 M re] bis zu den letzten 7 M, 1 U, AZD, 1 U, 4 M re.
9. Reihe: li M.
Zu Nadeln Nr. 3 wechseln, 4 R re stricken.**
Wechseln Sie zu Nadeln Nr. 3¼.
Zunahme-Reihe: 25 M re, [nächste M doppelt stricken, 24 M re] dreimal, 1 M re [104 M].
Beginnen Sie mit einer R li M und stricken Sie 20 R glatt re.
Zunahme-Reihe: 12 M li, [nächste M doppelt stricken, 35 M li, nächste M doppelt stricken, 6 M li] zweimal, 6 M li [108 M].
Einteilung des Hauptmusters
1. Reihe: 7 M re, 1. R Musterstreifen A, 7 M re, 1. R Musterstreifen B, 7 M re, 1. R Musterstreifen C, 7 M re, 1. R Musterstreifen B, 7 M re, 1. R Musterstreifen A, 7 M re.
2. Reihe: 7 M re, 2. R. Musterstreifen A, 7 M re, 2. R Musterstreifen B, 7 M re, 2. R Musterstreifen C, 7 M re, 2. R Musterstreifen B, 7 M re, 2. R Musterstreifen A, 7 M re.
3. Reihe: 3 M re, N4, 3 M re, 3. R Musterstreifen A, 3 M re, N4, 3 M re, 3. R Musterstreifen B, 3 M re, N4, 3 M re, 3. R Musterstreifen C, 3 M re, N4, 3 M re, 3. R Musterstreifen B, 3 M re, N4, 3 M re, 3. R Musterstreifen A, 3 M re, N4, 3 M re.
4. Reihe: 7 M re, 4. R Musterstreifen A, 7 M re, 4. R Musterstreifen B, 7 M re, 4. R Musterstreifen C, 7 M re, 4. R Musterstreifen B, 7 M re, 4. R Musterstreifen A, 7 M re.
Diese 4 R ergeben die kraus re M zwischen den Musterstreifen und legen die Position der Musterstreifen fest. Arbeiten Sie in dieser Mustereinteilung weiter, bis das Rückenteil 41 cm lang ist (ab den Spitzen gemessen). Die letzte R ist eine Hinreihe.
Schulter-und Halsabnahme
Nächste Reihe: 40 M Muster, ketten Sie die nächsten 28 M ab, Muster bis zum Ende der R. Beenden Sie zunächst diesen Teil der Arbeit. Ketten Sie 12 M am Anfang der nächsten R ab, 4 M am Anfang der darauf folgenden R und 12 M am Beginn der nächsten R. Stricken Sie 1 R und ketten Sie die verbleibenden 12 M ab. Setzen Sie nun die Arbeit auf der Vorderseite fort und stricken Sie im Muster bis zum Ende der R.
Beenden Sie diesen Teil der Arbeit, wie vorn beschrieben.

Vorderteil

Wird wie das Rückenteil gearbeitet, bis das Vorderteil 36 cm lang ist (ab den Spitzen gemessen). Die letzte R ist eine Hinreihe.
Halsausschnitt
Nächste Reihe: 45 M Muster, ketten Sie die nächsten 18 M ab, Muster bis zum Ende der R. Beenden Sie zunächst diesen Teil der Arbeit. Stricken Sie in der Mustereinteilung weiter und nehmen Sie auf der Halsseite in den nächsten 5 R je 1 M ab [36 M]. Stricken Sie bis zur Schulterabnahme weiter.
Schulterabnahme
Ketten Sie am Anfang der nächsten und der übernächsten R 12 M ab. Stricken Sie eine Reihe und ketten Sie die verbleibenden 12 M ab. Beenden Sie die R auf der Vorderseite und beenden Sie diese Seite wie die erste.

Ärmel

51 M mit Nadeln Nr. 3¼ anschlagen.
Wird gearbeitet wie das Rückenteil bis **.
Wechseln Sie zu Nadeln Nr. 3¼.
Zunahme-Reihe: 5 M re, [nächste M doppelt stricken, 9 M re] viermal, nächste M doppelt stricken, 5 M re [56].
Beginnen Sie mit einer R li und stricken Sie 12 R glatt re. Nehmen Sie beidseitig in der 4. R und in der 6. R 1 M zu [60 M].
Zunahme-Reihe: 26 M li, stricken Sie die nächste M zweimal li, 6 M li, stricken Sie die nächste M zweimal li, 26 M li [62 M].
Einteilung des Hauptmusters
1. Reihe: 3 M re, 1. R von Musterstreifen B, 7 M re, 1. R von Musterstreifen C, 7 M re, 1. R von Musterstreifen B, 3 M re.

Pullover mit Guernsey-Mustern

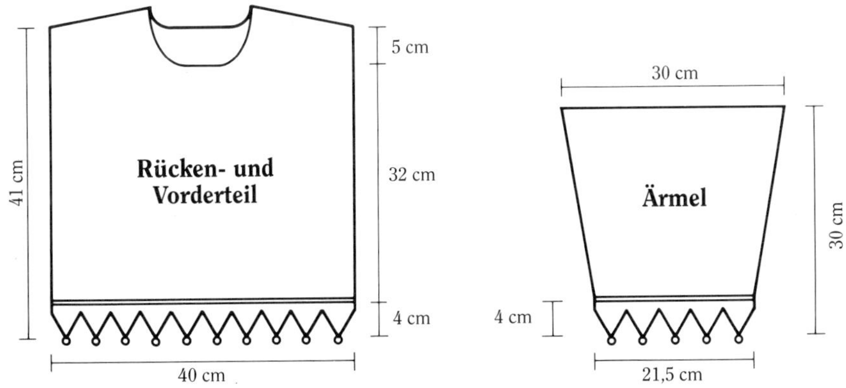

2. Reihe: 3 M re, 2. R von Musterstreifen B, 7 M re, 2. R von Musterstreifen C, 7 M re, 2. R von Musterstreifen B, 3 M re.
3. Reihe: Arbeiten Sie die 1. M doppelt, 2 M re, 3. R von Musterstreifen B, 3 M re, N4, 3 M re, 3. R von Musterstreifen C, 3 M re, N4, 3 M re, 3. R von Musterstreifen B, 2 M re, stricken Sie die letzte M doppelt.
4. Reihe: 4 M re, 4. R von Musterstreifen B, 7 M re, 4. R von Musterstreifen C, 7 M re, 4. R von Musterstreifen B, 4 M re.
Diese R ergeben die kraus re M zwischen den Musterstreifen und legen die Postition der Musterstreifen fest. Stricken Sie in dieser Einteilung und nehmen Sie beidseitig in der 5. R und 2-mal in der 6. R 1 M im Muster zu.
Nehmen Sie dann beidseitig 5-mal in jeder 8. R 1 M zu [80 M].
Stricken Sie weiter, bis der Ärmel 30 cm lang ist (ab den Spitzen gemessen). Die letzte R ist eine Rückreihe. Ketten Sie die M ab.

Kragen
131 M mit Nadeln Nr. 3¼ anschlagen.
Stricken Sie die 1. bis 8. R, wie beim Rückenteil beschrieben.
Nächste Reihe: 3 M li, [2 M li zusstr, 4 M li, 2 M li zusstr, 5 M li] neunmal, 2 M li zusstr, 4 M li, 2 M li zusstr, 3 M li [111 M].
Wechseln Sie zu Nadeln Nr. 3 und stricken Sie 4 R re.
Nächste Reihe: 3 M re, [2 M re zusstr, 3 M re, 2 M re zusstr, 4 M re] neunmal, 2 M re zusstr, 3 M re, 2 M re zusstr, 2 M re [91 M].
Nächste Reihe: 1 M li, [1 M re, 1 M li] bis zum Ende der Reihe.
Nächste Reihe: 1 M re, [1 M li, 1 M re] bis zum Ende der Reihe.
Wdh Sie die letzten beiden R zweimal.
Nächste Reihe: 6 M Rippenmuster, [arbeiten Sie in die nächste M 3 M, 12 M Rippenmuster] sechsmal, arbeiten Sie 3 M in die nächsten, 6 M Rippenmuster [105 M].
Stricken Sie noch 2 R im Rippenmuster.
Ketten Sie die M im Rippenmuster locker ab.

Fertigstellung
Schließen Sie die Schulternähte. Setzen Sie die Ärmel ein; die Ärmelmitte liegt auf der Schulternaht, Schließen Sie Seiten- und Ärmelnähte. Nähen Sie die abgekettete Seite des Kragens an den Halsausschnitt. Sie beginnen an der linken Schulternaht. Nähen Sie die Kragenseiten zusammen.

Norwegerweste Seite 25

Material
2 (3/4) x 50 g Rowan Cotton Glace (dünneres Baumwollgarn, matt glänzend) in Rot (A)
2 (2/3) x 50 g in Ecru
Je 1 Knäuel in Grün, Violett, Gold und Türkis
Stricknadeln Nr. 2¾ und 3¼
4 (5/6) Knöpfe

Maße

Alter	6–9	12–18	24–36	Monate
Weite der Weste	61	70	79	cm
Länge	24	30,5	37	cm

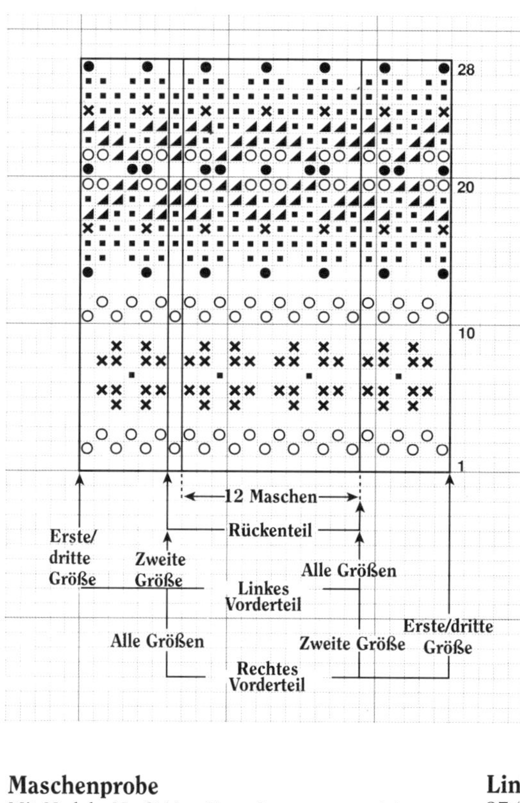

Farbschlüssel
- (leer) Rot (A)
- ■ Ecru
- O Grün
- ✕ Violett
- ● Gold
- ◢ Türkis

Maschenprobe
Mit Nadeln Nr. 3¼ im Grundmuster gestrickt, ergeben 28 M und 32 R = 10 x 10 cm.

Abkürzungen
Siehe Seite 44.

Anmerkung
Stricken Sie das Zählmuster auf der Vorderseite (re M) von re nach li und in der Rückreihe (li M) von li nach re. Führen Sie den nicht benötigten Faden locker auf der Rückseite der Arbeit mit, um das Strickstück elastisch zu halten.

Rückenteil
75 (87/99) M mit Nadeln Nr. 2¾ in A anschlagen.
1. Reihe: 1 M re, [1 M li, 1 M re] bis zum Ende der R.
2. Reihe: 1 M li, [1 M re, 1 M li] bis zum Ende der R.
Wdh Sie diese beiden R, bis der Bund 3 cm lang ist. Die letzte R ist eine Hinreihe.
Nächste Reihe (Rückreihe): 6 (7/9) M Rippenmuster, Z 1, [7 (8/9) M Rippenmuster, Z 1] bis zu den letzten 6 (8/9) M, 6 (8/9) M Rippenmuster [85 (97/109) M].
Wechseln Sie zu Nadeln Nr. 3¼. Beginnen Sie mit einer R re und arbeiten Sie glatt re nach dem Zählmuster, bis das Rückenteil 14 (19/24) M lang ist. Die letzte R ist eine Rück-R.
Armausschnitt
Ketten Sie 5 (6/7) M am Anfang der nächsten 2 R ab. Stricken Sie nach dem Zählmuster weiter und nehmen Sie beidseitig 1 M in jeder R ab, bis Sie 59 (65/71) M auf der Nadel haben.
Stricken Sie weiter, bis der Armausschnitt 10 (11,5/13) cm hoch ist. Die letzte R ist eine Rück-R.
Schulterabnahme
Ketten Sie 7 (8/9) M am Anfang der nächsten 4 R ab. Legen Sie die verbleibenden 31 (33/35) M auf einer Hilfsnadel still.

Linkes Vorderteil
37 (43/49) M mit Nadeln Nr. 2¾ in A anschlagen. Beginnen Sie mit einer 2. R und stricken Sie im Rippenmuster des Rückenteils, bis das Bündchen 3 cm lang ist. Die letzte R ist eine 2. R.
Zunahme-Reihe (Rückreihe): 4 M Rippen, Z 1, [6 (7/8) M Rippen, Z 1] bis zu den letzten 3 (4/5) M, 3 (4/5) M Rippen [43 (48/55) M].
Wechseln Sie zu Nadeln Nr. 3¼. Beginnen Sie mit einer R re und stricken Sie glatt re nach dem Zählmuster bis zum Armausschnitt. Die letzte R ist eine Rück-R. **

Arm- und Halsausschnitt
Ketten Sie 5 (6/7) M am Anfang der nächsten R ab. Stricken Sie 1 R. *** Nehmen Sie auf der Armseite 1 M in den nächsten 2 R ab. Nehmen Sie dann 1 M beidseitig in den nächsten 6 (5/5) R ab.
Nur für 2. und 3. Größe: Nehmen Sie 1 M auf der Armseite in den nächsten (3/5) R ab und gleichzeitig 1 M auf der Halsseite in den folgenden (1/2) Hin-R.
Alle Größen: [24 (27/29) M]. Sie nehmen nur noch auf der Halsseite ab: 1 M in den nächsten 3 (1/1) R, dann in jeder zweiten R, bis Sie 14 (16/18) M auf der Nadel haben.
Stricken Sie geradeaus bis zur Schulterabnahme weiter. Die letzte Reihe endet auf der Armseite.
Schulterabnahme
Ketten Sie 7 (8/9) M am Anfang der nächsten R ab. Stricken Sie 1 R. Ketten Sie die verbleibenden 7 (8/9) M ab.

Rechtes Vorderteil
Wird bis zu ** wie das linke Vorderteil gearbeitet. Stricken Sie eine weitere R.
Arm- und Halsausschnitt
Ketten Sie 5 (6/7) M am Anfang der nächsten R ab. Beenden Sie das Teil wie das linke Vorderteil ab ***.

Vorderteil-Blende
Schließen Sie die Schulternähte. Sie nehmen aus der re Vorderkante mit Nadeln Nr. 2¾ in A 42 (54/68) M auf und stricken sie re. Aus der Vorderteilschrägung nehmen Sie 27 (31/35) M auf und stricken sie ebenso wie die stillgelegten M des Rückenteils re. Aus der linken Vorderteilschrägung nehmen Sie 27 (31/35) M auf, aus der geraden Kante 42 (54/68) M [169 (203/241) M]. Alle M werden re gestrickt. Beginnen Sie mit einer 2. R und stricken Sie 2 R im Rippenmuster, wie beim Bund des Rückenteils.
Knopflochreihe: Rippenmuster bis zu den letzten 42 (54/66) M, [1 U, 2 M li zusstr, 10 M Rippenmuster] 3 (4/5)-mal, 1 U, 2 M li zusstr, 4 M Rippenmuster.
Stricken Sie zwei weitere R im Rippenmuster. Ketten Sie die M im Rippenmuster ab.

Norwegerweste

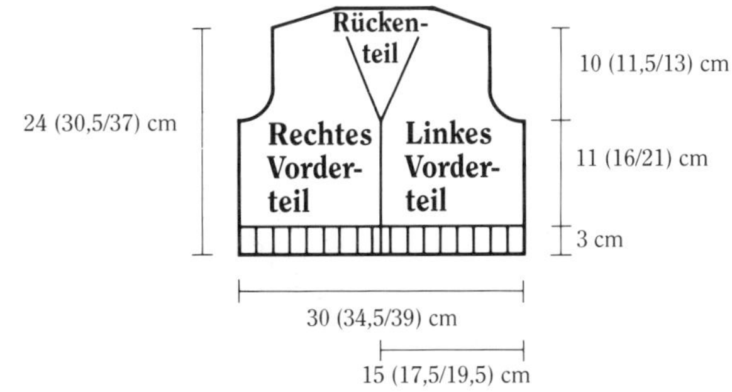

Armblende
Sie nehmen auf der Vorderseite beider Armausschnitte mit Nadeln Nr. 2¾ gleichmäßig verteilt in A 67 (77/87) M auf und stricken sie re. Beginnen Sie dann mit einer 2. R des Rippenmusters und stricken Sie 5 R im Rippenmuster. Ketten Sie die M im Rippenmuster ab.

Fertigstellung
Schließen Sie die Seiten-und Blendennähte. Nähen Sie die Knöpfe an.

Gestreifter Pullover mit Matrosenkragen Seite 26

Material
4 (5/5) x 50 g Rowan Cotton Glace (dünneres Baumwollgarn, matt glänzend) in Grün (A)
4 (4/5) x 50 g in Weiß (B)
Stricknadeln Nr. 2¾ und 3¼

Maße

Alter	2	3	4	Jahre
Pullover-Weite	71	76	82	cm
Länge	40	43	46	cm
Ärmellänge (innen)	24	28	31	cm

Maschenprobe
Mit Nadeln Nr. 3¼ glatt re gestrickt, ergeben 26 M und 34 R = 10 x 10 cm.

Akürzungen
Siehe Seite 44.

Rückenteil
92 (98/106) M mit Nadeln Nr. 2¾ in A anschlagen. Stricken Sie 7 R re M.
Wechseln Sie zu Nadeln Nr. 3¼.
1. Reihe (Hinreihe): re M.
2. Reihe: 5 M re, li bis zu den letzten 5 M, 5 M re.
Wdh Sie die letzten beiden R einmal. Stricken Sie diese 2 R dann zweimal in B.
Beginnen Sie mit einer Hin-R und stricken Sie glatt re in einem Streifenmuster von 4 R A und 4 R B, bis das Rückenteil 24 (25/26) cm lang ist. Die letzte R ist die 4. R eines A- oder B-Streifens.
Stricken Sie im Streifenmuster wie folgt weiter:
Nächste Reihe: 5 M re, 6 M li, re bis zu den letzten 11 M, 6 M li, 5 M re.
Nächste Reihe: Li M. **
Wdh Sie die letzten 2 R, bis das Rückenteil 40 (43/46) cm lang ist. Die letzte R ist eine Rück-R.
Schulterabnahme
Ketten Sie am Anfang der nächsten beiden R 24 (26/29) M ab. Ketten Sie dann die verbleibenden 44 (46/48) M ab.

Vorderteil
Wird bis zu ** wie das Rückenteil gearbeitet. Wdh Sie die letzten 2 R, bis das Vorderteil 29 (32/35) cm lang ist. Die letzte R ist eine Rück-R.
Halsausschnitt
Nächste Reihe: Stricken Sie 46 (49/53) M im Muster und wenden Sie die Arbeit. Beenden Sie zunächst diese Seite. Nehmen Sie an der Halsseite in jeder R 1 M ab, bis Sie 34 (35/37) M auf der Nadel haben. Dann nehmen Sie in jeder 2. R 1 M ab, bis 24 (26/29) M übrig sind. Stricken Sie bis zur Schulterabnahme geradeaus hoch. Ketten Sie die M ab.
Setzen Sie die Arbeit auf der Vorderseite fort. Stricken Sie das Muster bis zum Ende der R. Beenden Sie die zweite Seite wie die erste.

Ärmel
38 (42/46) M mit Nadeln Nr. 2¾ in A anschlagen.
1. Reihe (Hinreihe): Mit A 2 M re, [2 M li, 2 M re] bis zum Ende der R.
2. Reihe: Mit A 2 M li, [2 M re, 2 M li] bis zum Ende der R.
Wdh Sie diese 2 R einmal. Stricken Sie diese 2 R dann zweimal in B. Wdh Sie die letzten 8 R noch einmal und nehmen Sie in der letzten R gleichmäßig verteilt 6 M zu [44 (48/52) M].
Wechseln Sie zu Nadeln Nr. 3¼.
Beginnen Sie mit einer R re und stricken Sie glatt re im Streifenmuster von 4 R A und 4 R B. Gleichzeitig nehmen Sie beidseitig in der 3. R und jeder folgenden 2. R 1 M zu, bis Sie 88

(70/62) M auf der Nadel haben. Danach nehmen Sie beidseitig in jeder 3. R 1 M zu, bis Sie 94 (100/106) M auf der Nadel haben. Stricken Sie geradeaus hoch, bis der Ärmel 24 (28/31) cm lang ist. Die letzte R ist eine Rück-R. Ketten Sie die M ab.

Kragen
86 (92/98) M mit Nadeln Nr. 2¾ in A anschlagen. Stricken Sie 5 R kraus re. Wechseln Sie zu Nadeln Nr. 3¼.
1. Reihe (Rück-Reihe): In A 6 M li, re M bis zu den letzten 6 M, 6 M li.
2. Reihe: In A li M.
Wdh Sie die letzten 2 R einmal. Stricken Sie dann in B diese 2 R zweimal. Wdh Sie diese 8 R, bis der Kragen 14 cm ab Anschlag misst. Die letzte R ist eine Rück-R.
Nächste Reihe: 33 M Muster, ketten Sie dann die nächsten 20 (26/32) M ab, Muster bis zum Ende der R. Beenden Sie zunächst diesen Kragenteil. Ketten Sie 3 M am Anfang der nächsten und der übernächsten R ab. Nehmen Sie am Innenrand in jeder Re-R 1 M ab, bis nur noch 2 M übrig sind. Stricken Sie die beiden M zusammen und beenden Sie die Seite. Beenden Sie die R auf der Rückseite und stricken Sie 2 R. Beenden Sie das rechte Kragenteil, wie beim linken beschrieben.

Gestreifter Pullover mit Matrosenkragen

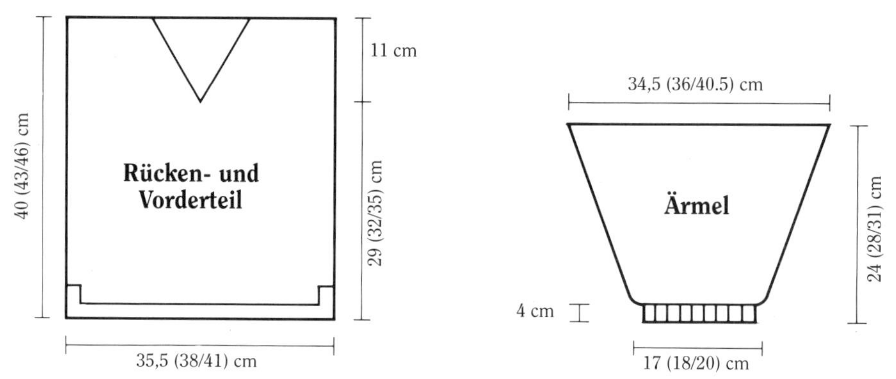

Einsatz
Mit Nadeln Nr. 3¼ schlagen Sie 3 M in B an. Stricken Sie 1 R re. Beginnen Sie mit einer R li M und stricken Sie glatt re weiter. Nehmen Sie beidseitig in jeder R 1 M zu, bis Sie 35 M auf der Nadel haben. Stricken Sie 3 R kraus re. Ketten Sie die M ab.

Fertigstellung
Schließen Sie die Schulternähte. Setzen Sie die Ärmel ein; die Ärmelmitte liegt auf der Schulternaht. Schließen Sie die Seitennähte ab Bund, dann die Ärmelnähte. Nähen Sie den Kragen an, ebenso den Einsatz.

Norwegerjacke mit Mütze Seite 27

Material
Jacke: 5 (6) x 50 g Rowan Cotton Glace (dünneres Baumwollgarn, matt glänzend) in Marineblau (A)
Je ein Knäuel in Grün, Pink, Blau, Gelb und Violett
Stricknadeln Nr. 3 und 3¾
1 aushakbarer Jacken-Reißverschluss von 30 (35) cm Länge
Mütze: 2 x 50 g Rowan Cotton Glace in Marineblau
Stricknadeln Nr. 3 und 3¾

Maße

Alter	1	2	Jahre
Jacken-Weite	60	70	cm
Länge	35	40	cm
Ärmellänge (innen)	20	24	cm

Maschenprobe
Mit Nadeln Nr. 3¾ im Grundmuster gestrickt, ergeben 25 M und 29 R = 10 x 10 cm.

Abkürzungen
Siehe Seite 44.

Anmerkung
Stricken Sie das Zählmuster in der Hinreihe (re M) von re nach li und in der Rückreihe (li M) von li nach re. Führen Sie den nicht benötigten Faden locker auf der Rückseite der Arbeit mit, um das Strickstück elastisch zu halten.

Jacke

Rückenteil und Vorderteile
Werden in einem Stück bis zum Armausschnitt gestrickt.
151 (175) M mit Nadeln Nr. 3 in A anschlagen.
1. Reihe: 1 M re, [1 M li, 1 M re] bis zum Ende der R.

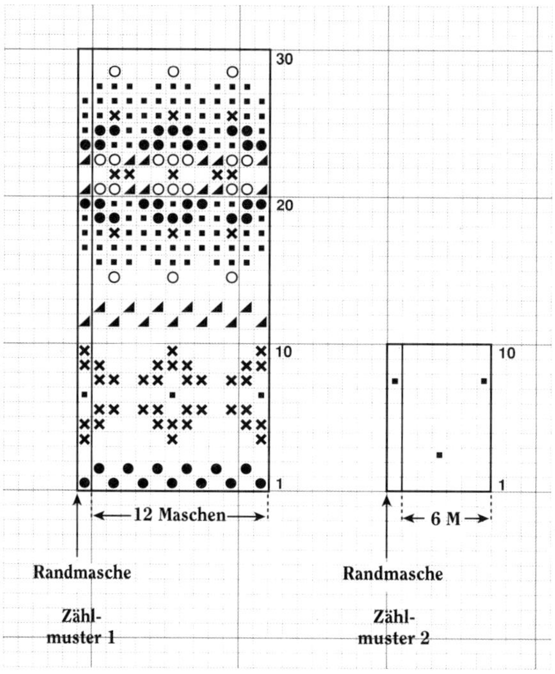

Farbschlüssel
- ☐ Marineblau (A)
- ● Grün
- ✖ Pink
- ■ Blau
- ◢ Gelb
- ○ Violett

Diese R ergibt das Perlmuster. Wdh Sie die letzte R siebenmal.
Wechseln Sie zu Nadeln Nr. 3¾.
Nächste Reihe (Hinreihe): 3 M Perlmuster, re bis zu den letzten 3 M, 3 M Perlmuster.
Nächste Reihe: 3 M Perlmuster, li bis zu den letzten 3 M, 3 M Perlmuster.
Verwenden Sie einen kleinen Knäuel in A für das Perlmuster. Verkreuzen Sie die Fäden auf der Rückseite, um Löcher zu vermeiden.
Stricken Sie nach dem Zählmuster.
1. Reihe: In A 3 M Perlmuster, 12 M der 1. R des Zählmusters 1 bis zu den letzten 4 M, 1 Rand-M in A, in A 3 M Perlmuster.
2. Reihe: In A 3 M Perlmuster, Rand-M der 2. R des Zählmusters 1, dann stricken sie den Rapport wie angegeben bis zu den letzten 3 M, in A 3 M Perlmuster.
Stricken Sie weitere 12 R lt. Zählmuster.
Hauptmuster
1. Reihe: In A 3 M Perlmuster, dann die ersten 6 M der 1. R des Zählmusters 2 bis zu den 4 letzten M der R, Rand-M, in A 3 M Perlmuster.
2. Reihe: In A 3 M Perlmuster, Rand-M der 2. R des Zählmusters 2, die ersten 6 M des Zählmusters bis zu den letzten 3 M der R, in A 3 M Perlmuster.
Stricken Sie noch weitere 38 (48) R, wie oben beschrieben. Stricken Sie dann das Passenmuster wie die untere Bordüre.
Stricken Sie 2 R lt. Zählmuster.
Teilung für den Armausschnitt
Nächste Reihe: 39 (45) M Muster, wenden Sie die Arbeit. Beenden Sie zunächst das re Vorderteil.
**Stricken Sie lt. Zählmuster weitere 23 (27) R.
Halsausschnitt
Nächste Reihe: 5 (6) M Muster, diese M legen Sie auf einer Sicherheitsnadel still. Stricken Sie im Muster bis zum Ende der R.
1 R Muster. Ketten Sie 3 (4) M am Beginn der nächsten Reihe ab. Nehmen Sie in jeder weiteren R 1 M an der Halsseite ab, bis Sie 23 (26) M auf der Nadel haben. Stricken Sie dann 4 (3) R lt. Muster.
Schulterabnahme
Ketten Sie am Beginn der nächsten R 11 (13) M ab. Stricken Sie 1 R. Ketten Sie die verbleibenden 12 (13) M ab.
Setzen Sie die Arbeit auf der Vorderseite fort und stricken Sie 73 (85) M lt. Zählmuster. Beenden Sie nun das Rückenteil. Stricken Sie 37 (41) R im Zählmuster geradeaus hoch.
Schulterabnahme
Ketten Sie 11 (13) M am Anfang der nächsten 2 R ab und 12 (13) M am Anfang der darauf folgenden 2 R. Legen Sie die verbleibenden 27 (33) M auf einer Hilfsnadel still.
Stricken Sie nun die verbleibenden M als Hin-R lt. Zählmuster. Beenden Sie das linke Vorderteil wie das rechte ab ** bis Ende.

Ärmel

37 (41) M mit Nadeln Nr. 3 in A anschlagen.
1. Reihe (Hinreihe): 1 M re, [1 M li, 1 M re] bis zum Ende der Reihe.
2. Reihe: 1 M li, [1 M re, 1 M li] bis zum Ende der Reihe.
Wdh Sie diese beiden R bis das Bündchen 4 cm misst. Ihre letzte R ist eine 1. R.
Zunahme-Reihe: 2 (3) M Rippenmuster, Z 1, [3 (5) M Rippenmuster, Z 1] bis zu den letzten 2 (3) M, 2 (3) M Rippenmuster [49 M].
Wechseln Sie nun zu Nadeln Nr. 3¾. Beginnen Sie mit einer Hinreihe und stricken Sie 2 R glatt re. Stricken Sie die 1. bis 14. R der Bordüre lt. Zählmuster, dann 20 (30) R des Hauptmusters lt. Zählmuster 2, wdh Sie 1. bis 14. R von Zählmuster 1. Gleichzeitig nehmen Sie beidseitig in der 3. R und 8 (11)-mal in jeder folgenden 5. (4.) R 1 M zu. Die zugenommenen M werden in das Hauptmuster integriert [67 (73) M]. Ketten Sie die M ab.

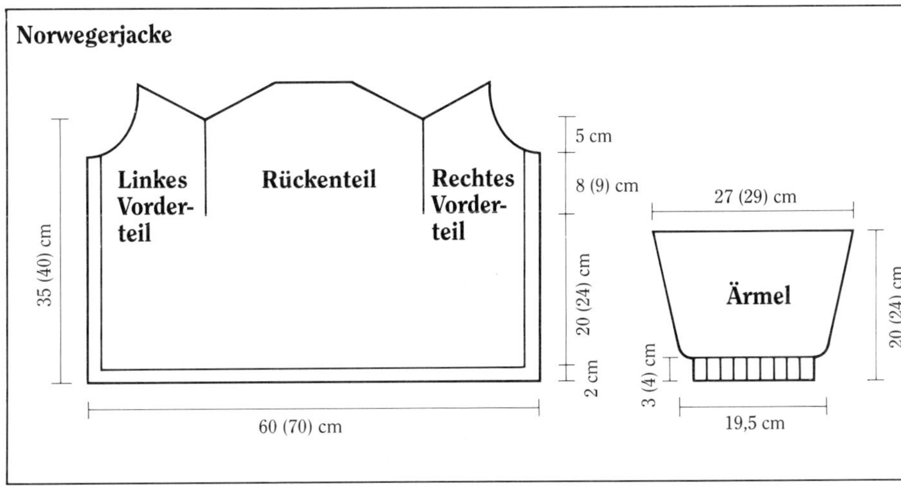

Kragen

Schließen Sie die Schulternähte.
Heben Sie die 5 (6) M von der Sicherheitsnadel des re Vorderteils auf eine Nadel Nr. 3, nehmen Sie aus dem re Halsausschnitt in A 19 (20) M auf und stricken sie re die M des Rückenteils wie folgt: 3 M re, [Z1, 3 M re] 8 (10)-mal. Nehmen Sie nun aus dem li Halsausschnitt 19 (20) M auf und stricken sie re, dann stricken Sie die M der Sicherheitsnadel: 2 (3) M re, 3 M Perlmuster [83 (95) M]. Stricken Sie 1 R im Perlmuster.
Nächste 2 Reihen: Perlmuster bis zu den letzten 24 M, wenden.
Nächste 2 Reihen: Perlmuster bis zu den letzten 21 M, wenden.
Stricken Sie nach dieser Mustereinteilung 10 R weiter und arbeiten Sie am Ende der R immer 3 M mehr, wenden Sie die Arbeit und stricken Sie das Perlmuster bis zum Ende der Reihe.
Stricken Sie 2 R Perlmuster.
Nächste Reihe: 2 M Perlmuster, stricken Sie die nächste M doppelt, Z 1, Perlmuster bis zu den letzten 3 M, Z 1, stricken Sie die nächste M doppelt, 2 M Perlmuster.
Stricken Sie noch 3 R in dieser Einteilung.
Wdh Sie die letzten 4 R viermal. Ketten Sie die M im Muster ab.

Fertigstellung

Setzen Sie die Ärmel ein; die Ärmelmitte liegt auf der Schulternaht. Schließen Sie die Ärmelnähte. Nähen Sie den Reißverschluss ein.

Mütze

99 (111) M mit Nadeln Nr. 3 anschlagen.
1. Reihe: 1 M re, [1 M li, 1 M re] bis zum Ende der R.
Diese R bildet das Perlmuster. Wdh Sie diese R, bis die Arbeit 4 cm hoch ist.
Nächste Reihe: 1 M li, [1 M re, 1 M li] bis zum Ende der R.
Nächste Reihe: 1 M re, [1 M li, 1 M re] bis zum Ende der R.
Wdh Sie die letzten beiden R über 4 cm.
Wechseln Sie zu Nadeln Nr. 3¾. Stricken Sie im Perlmuster weiter gerade hoch, bis die Arbeit 14 (17) cm misst.
Abnahme für die Kopfform
Abnahme-Reihe: 3 M Perlmuster, [3 M li zusstr, 13 (15) M Perlmuster] bis zum Ende der R.
7 R Perlmuster.
Abnahme-Reihe: 3 M Perlmuster, [3 M li zusstr, 11 (13) M Perlmuster] bis zum Ende der R.
7 R Perlmuster.
Abnahme-Reihe: 3 M Perlmuster, [3 M li zusstr, 9 (11) M Perlmuster] bis zum Ende der R.
5 R Perlmuster.
Abnahme-Reihe: 3 M Perlmuster, [3 M li zusstr, 7 (9) M Perlmuster] bis zum Ende der R.
5 R Perlmuster. Stricken Sie in dieser Einteilung weiter. Sie nehmen in der nächsten R also 12 M ab und ebenso in den nächsten 2 (3) folgenden 4. R [15 M]. 3 R Perlmuster.
Abnahme-Reihe: 3 M Perlmuster, [3 M li zusstr, 3 M Perlmuster] zweimal.
3 R Perlmuster.
Abnahme-Reihe: 3 M Perlmuster, [3 M li zusstr, 1 M Perlmuster] zweimal.
Schneiden Sie den Faden ab und ziehen Sie das Fadenende durch die verbleibenden M. Ziehen Sie die M zusammen und vernähen Sie den Faden.
Schließen Sie die Naht. Achten Sie darauf, dass die Nahtzugabe am Mützenrand außen liegt. Schlagen Sie den Mützenrand nach außen.

Gingham-Jacke Seite 30

Material
4 100-g-Stränge Rowan Magpie Aran (dickeres Schnellstrickgarn) in Rot (A)
Je ein Strang in Ecru (B)
und Kastanienbraun (C)
Stricknadeln Nr. 4 und 5
1 teilbarer Jackenreißverschluss
2 Knöpfe

Maße

Alter	3–5	Jahre
Weite (in Brusthöhe gemessen)	88	cm
Länge	41	cm
Ärmellänge (innen)	26	cm

Maschenprobe
Mit Nadeln Nr. 5 glatt re gestrickt, ergeben 17 M und 25 R = 10 x 10 cm.
Mit Nadeln Nr. 5 im Grundmuster gestrickt, ergeben 20 M und 19 R = 10 x 10 cm.

Abkürzungen
Siehe Seite 44.

Anmerkung
Wenn Sie im Grundmuster arbeiten, führen Sie den nicht benötigten Faden locker auf der Rückseite der Arbeit mit, damit das Strickstück elastisch bleibt.

Linkes Vorderteil
43 M mit Nadeln Nr. 4 in A anschlagen.
1. Reihe (Hinreihe): 1 M re, [1 M li, 1 M re]. Diese R bildet das Perlmuster. Wdh Sie die letzte R fünfmal und nehmen Sie 1 M in der Mitte der letzten R zu [44 M].
Wechseln Sie zu Nadeln Nr. 5.
1. Reihe (Hinreihe): 3 M re in A, [2 M B, 2 M A] bis zu den letzten 5 M. 2 M B, und dann 3 M Perlmuster in A.
2. Reihe: 3 M Perlmuster in A, Faden A nach vorn, [2 M li B, 2 M A] bis zur letzten M, 1 M li in A.
3. Reihe: 3 M re in C, [2 M A, 2 M C] bis zu den letzten 5 M, 2 M A, 3 M Perlmuster in A.
4. Reihe: 3 M Perlmuster in A, [2 M li A, 2 M li C] bis zur letzten M, 1 M li C.
Diese 4 R bilden das Grundmuster. Stricken Sie im Grundmuster, bis das Vorderteil 23 cm lang ist. Die letzte R ist eine Rück-R.
Armausschnitt
Ketten Sie am Beginn der nächsten R 4 M ab [40 M]. Stricken Sie im Grundmuster, bis das Vorderteil 36 cm lang ist. Die letzte R ist eine Rück-R.
Halsausschnitt
Nächste Reihe: Stricken Sie im Muster bis zu den letzten 5 M und wenden Sie die Arbeit. Die 5 M werden auf einer Sicherheitsnadel stillgelegt.
Stricken Sie im Grundmuster weiter und nehmen Sie in jeder R auf der Halsseite 1 M ab, bis 28 M auf der Nadel sind. Stricken Sie weiter gerade hoch, bis das Vorderteil 41 cm lang ist. Die letzte R ist eine Rück-R.
Schulterabnahme
Ketten Sie 14 M am Beginn der nächsten R ab. Stricken Sie 1 R und ketten Sie dann die verbleibenden 14 M ab.

Rechtes Vorderteil
43 M mit Nadeln Nr. 4 in A anschlagen.
Stricken Sie 6 R im Perlmuster, wie beim linken Vorderteil. Nehmen Sie in der Mitte der letzten R 1 M zu [44 M].
Wechseln Sie zu Nadeln Nr. 5.
1. Reihe (Hinreihe): 3 M Perlmuster in A, [2 M re B, 2 M A] bis zur letzten M, 1 M A.
2. Reihe: 3 M li in A, [2 M B, 2 M A] bis zu den letzten 5 M, 2 M B, 3 M Perlmuster in A.
3. Reihe: 3 M Perlmuster in A, [2 M re A, 2 M C] bis zur letzten M, 1 M re C.
4. Reihe: 3 M li in C, [2 M A, 2 M C] bis zu den letzten 5 M, 2 M A, 3 M Perlmuster in A.
Diese 4 R bilden das Grundmuster. Stricken Sie das rechte Vorderteil gegengleich zum linken.

Rückenteil
75 M mit Nadeln Nr. 4 in A anschlagen.
Stricken Sie 6 R im Perlmuster, wie beim linken Vorderteil.
Wechseln Sie zu Nadeln Nr. 5. Beginnen Sie mit einer R re M und stricken Sie bis zum Armausschnitt glatt re. Die letzte R ist eine Rück-R.
Armausschnitt
Ketten Sie 4 M am Beginn der nächsten beiden R ab [67 M].
Stricken Sie glatt re bis zur Schulterabnahme geradeaus hoch. Die letzte R ist eine Rück-R.
Schulterabnahme
Ketten Sie am Beginn der nächsten 4 R je 12 M ab. Legen Sie die verbleibenden 19 M auf einer Hilfsnadel still.

Ärmel
29 M mit Nadeln Nr. 4 in A anschlagen.
Stricken Sie 5 R im Perlmuster, wie beim linken Vorderteil beschrieben.
Zunahme-Reihe: 2 M Perlmuster, [Z 1, 3 M Perlmuster] neunmal [38 M].
Wechseln Sie zu Nadeln Nr. 5. Beginnen Sie mit einer R re M und stricken Sie glatt re weiter. Nehmen Sie in jeder 3. R beidseitig 1 M zu, bis Sie 64 M auf der Nadel haben. Stricken Sie geradeaus weiter, bis der Ärmel 26 cm lang ist. Die letzte R ist eine Rück-R. Ketten Sie die M ab.

Kragen
Schließen Sie die Schulternähte.
Die M werden mit Nadeln Nr. 4 in A aufgenommen. Sie beginnen am rechten Vorderteil und heben die M der Sicherheitsnadel auf die Stricknadel. Aus dem re Halsausschnitt nehmen Sie 18 M auf und stricken sie re. Die stillgelegten M des Rückenteils werden folgendermaßen gestrickt: 2 M re, [Z 1, 2 M re] 8-mal, danach nehmen Sie aus dem linken Halsausschnitt 18 M auf und stricken Sie re, dann die M der Sicherheitsnadel: 2 M re, 3 M Perlmuster [73 M]. Stricken Sie 1R im Perlmuster.
Nächste 2 Reihen: Perlmuster bis zu den letzten 21 M, wenden.
Nächste 2 Reihen: Perlmuster bis zu den letzten 18 M, wenden.
Nächste 2 Reihen: Perlmuster bis zu den letzten 15 M, wenden.
Nächste 2 Reihen: Perlmuster bis zu den letzten 12 M, wenden.
Stricken Sie diese Reihen und dann 20 R im Perlmuster über alle M. Ketten Sie die M im Perlmuster ab.

Bündchenriegel (zweimal arbeiten)
21 M mit Nadeln Nr. 4 in A anschlagen.
Stricken Sie 6 R im Perlmuster und ketten Sie die M im Perlmuster ab.

Fertigstellung
Setzen Sie die Ärmel ein; die Ärmelmitte liegt auf der Schulternaht, und die abgeketteten M des Armausschnitts werden an die letzten 6 R des Ärmels genäht. Legen Sie die Bündchenriegel auf das Bündchen und nähen Sie die kurzen Seiten an der Bündchenseite fest. Schließen Sie Ärmel- und Seitennähte. Sichern Sie die andere Seite des Bündchenriegels mit einem Knopf. Nähen Sie den Reißverschluss ein.

Gingham-Jacke

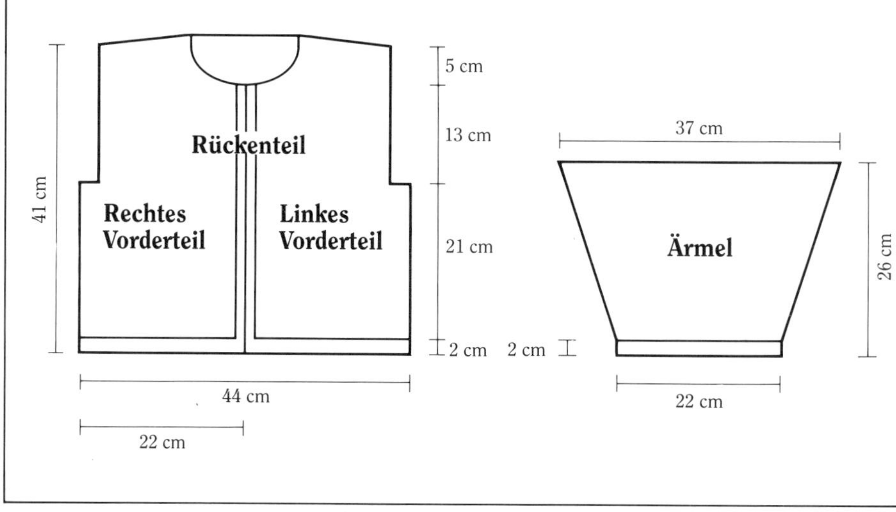

Cardigan mit Spitzenborten Seite 31

Material
5 (6/7) x 50 g Rowan Cotton Glace (dünneres Baumwollgarn, matt glänzend)
Stricknadeln Nr. 2¾ und 3¼
4 Knöpfe

Maße

Alter	1	2	3	Jahre
Weite des Cardigans	65	70	76	cm
Länge	30	32	34	cm
Ärmellänge (innen)	21	23	26	cm

Maschenprobe
Mit Nadeln Nr. 3¼ im Grundmuster gestrickt, ergeben 26 M und 34 R = 10 x 10 cm.

Abkürzungen
Siehe Seite 44.

Rückenteil
85 (92/99) M mit Nadeln Nr. 3¼ anschlagen. Stricken Sie glatt re, bis das Rückenteil 27 (29/31) cm lang ist. Die letzte R ist eine Rückreihe.

Schulterabnahme
Ketten Sie 8 (9/10) M am Anfang der nächsten 4 R ab und 8 M am Beginn der nächsten 2 R. Ketten Sie die verbleibenden 37 (40/43) M ab.

Linkes Vorderteil
39 (42/46) M mit Nadeln Nr. 3¼ anschlagen. Stricken Sie glatt re, bis das Vorderteil 13 (14/15) cm lang ist. Die letzte R ist eine Rückreihe.

Halsausschnitt
Am Ende der R 1 M und in jeder folgenden 3. R auf der gleichen Seite 1 M abnehmen, bis Sie 24 (26/28) M auf der Nadel haben. Stricken Sie bis zur Schulterabnahme. Die letzte R ist eine Rück-R.

Schulterabnahme
Ketten Sie am Anfang der nächsten R 8 (9/10) M ab. Stricken Sie 1 R. Ketten Sie die restlichen 8 M ab.

Rechtes Vorderteil
Es wird gegengleich zum linken Vorderteil gestrickt.

Ärmel
52 (60/66) M mit Nadeln Nr. 3¼ anschlagen. Der Ärmel wird ebenfalls glatt re gestrickt. Nehmen Sie beidseitig in der 3. R und in jeder folgenden 4. (5./6.) R 1 M zu, bis Sie 78 (84/90) M auf der Nadel haben. Stricken Sie weiter, bis der Ärmel 18 (20/23) cm lang ist. Die letzte R ist eine Rück-R. Ketten Sie die M ab.

Kragen
Schließen Sie die Schulternähte. Nehmen Sie mit Nadeln Nr. 2¾ aus dem linken Halsausschnitt 33 (36/39) M auf, aus dem Rückenteil 30 (32/34) M und aus dem rechten Halsausschnitt wieder 33 (36/39) M [96 (104/112) M]. Die aufgenommenen M werden re gestrickt. Beginnen Sie mit 1 R re und stricken Sie 6 R glatt li. Nehmen Sie beidseitig in jeder 2. R 1 M ab.

Nächste Reihe: 32 (35/38) M re, Z 1, [6 (6/7) M re, Z 1] zweimal, 2 (4/2) M re, Z 1, [6 (6/7) M re, Z 1] zweimal, re M bis zum Ende der R.
Stricken Sie 3 R und nehmen Sie beidseitig in der 1. und 3. R 1 M ab [92 (100:108) M].

Nächste Reihe: 2 M re zusstr, 28 (31/34) M re, Z 1, [7 (7/8) M re, Z 1] zweimal, 4 (6/4) M re, Z 1, [7 (7/8) M re, Z 1] zweimal, 28 (31/34) M re, 2 M re zusstr.
Stricken Sie 3 R und nehmen Sie beidseitig in jeder R 1 M ab [90 (98/106) M].

Nächste Reihe: 2 M re zusstr, 24 (27/30) M re, Z 1, [8 (8/9) M re, Z 1] zweimal, 6 (8/6) M re, Z 1, [8 (8/9) M re, Z 1] zweimal, 24 (27/30) M re, 2 M re zusstr.
Stricken Sie 3 R und nehmen Sie beidseitig in jeder R 1 M ab [88 (96/104) M].

Nächste Reihe: 22 (25/28) M re, Z 1, [9 (9/10) M re, Z 1] zweimal, 8 (10/8) M re, Z 1, [9 (9/10) M re, Z 1] zweimal, 22 (25/28) M re.
Ketten Sie 3 M am Anfang der nächsten 4 R ab. Ketten Sie die übrigen 82 (90/98) M ab.

Knopfblende
8 M mit Nadeln Nr. 2¾ anschlagen. Stricken Sie im Rippenmuster 1 M re, 1 M li, bis die Blende, leicht gedehnt, an den Rand des linken Vorderteils passt. Nähen Sie die Blende an. Kennzeichnen Sie die Position der 4 Knöpfe: der erste 2 cm oberhalb des Anschlags, der letzte 1 cm unterhalb des Ausschnitts und die beiden anderen gleichmäßig dazwischen.

Knopflochblende
8 M mit Nadeln Nr. 2¾ anschlagen.
Stricken Sie im gleichen Rippenmuster wie vorher und arbeiten Sie an den markierten Stellen Knopflöcher ein.

1. Knopflochreihe (Hinreihe): 3 M Rippenmuster, 2 M abketten, 3 M Rippenmuster, usw.
2. Knopflochreihe: 3 M Rippenmuster, 2 M anschlagen, 3 M Rippenmuster usw.

Kragenborte
4 M mit Nadeln Nr. 2¾ anschlagen. Stricken Sie 1 R re M.

1. Reihe (Vorderseite): 2 M re, 1 U, 2 M re.
2., 4. und 6. Reihe: 1 M abheben, re bis zum Ende der R.
3. Reihe: 3 M re, 1 U, 2 M re.
5. Reihe: 2 M re, 1 U, 2 M re zusstr, 1 U, 2 M re.
7. Reihe: 3 M re, 1 U, 2 M re zusstr, 1 U, 2 M re.
8. Reihe: Ketten Sie 4 M ab und stricken Sie re bis zum Ende der R.

Diese 8 R bilden das Muster. Stricken Sie in diesem Muster weiter, bis die Borte, leicht gedehnt, um den äußeren Kragenrand passt. Enden Sie mit einer 8. Muster-R.
Ketten Sie die M ab.

Ärmelborte
Wird wie die Kragenborte gestrickt. Wenn diese Borte, leicht gedehnt, an den unteren Ärmelrand passt, ketten Sie die M ab.

Saumborte
Wird ebenfalls wie die Kragenborte gestrickt. Wenn diese Borte, leicht gedehnt, an den unteren Jackenrand passt, ketten Sie die M ab.

Fertigstellung
Nähen Sie die Ärmelborte an die Ärmel. Setzen Sie die Ärmel ein; die Ärmelmitte liegt auf der Schulternaht. Schließen Sie Ärmel- und Schulternähte. Nähen Sie Kragen- und Bundborte an. Nähen Sie die kurzen Seiten der Kragenborten an die Vorderteilblenden. Nähen Sie die Knöpfe an.

Cardigan mit Spitzenborten

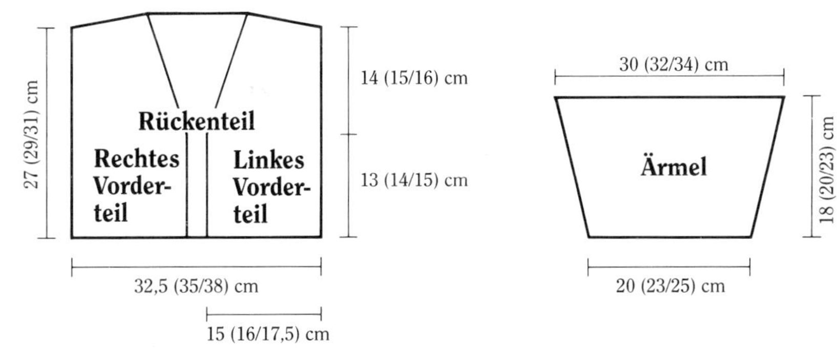

Aran-Pullover mit Zöpfen und Noppen Seite 32

Material
8 100-g-Stränge Rowan Magpie Aran (dickeres Schnellstrickgarn)
Stricknadeln Nr. 4 und 5
Zopfnadel

Maße

Alter	5–6	Jahre
Jacken-Weite	102	cm
Länge	46	cm
Ärmellänge (innen)	30	cm

Maschenprobe
Mit Nadeln Nr. 5 im Muster gestrickt, ergeben 26 M und 26 R = 10 x 10 cm.

Abkürzungen
Z3V = 2 M auf der Zopfnadel vor die Arbeit legen, 1 M li, dann die 2 M der Zopfnadel re.
Z3H = 1 M auf der Zopfnadel hinter die Arbeit legen, 2 M re, dann die M der Zopfnadel li.
N5 = Arbeiten Sie aus der nächsten M 5 M und stechen Sie dabei abwechselnd von vorne und von hinten in die M ein. Diese 5 M werden in der nächsten R re verschr. zusammengestrickt.
N3 = Arbeiten Sie 3 M in die nächste M: 1 M re, 1 M li, 1 M re.

Musterstreifen A
Wird über 14 M gearbeitet.
1. Reihe (Rückreihe): 2 M li, 3 M re, 4 M li, 3 M re, 2 M li.
2. Reihe: 2 M re, 3 M li, 2 M auf der Zopfnadel hinter die Arbeit legen, 2 M re, dann die 2 M von der Zopfnadel re, 3 M li, 2 M re.
3. Reihe: wie 1. R.
4. Reihe: 2 M re, 2 M li, Z3H, Z3V, 2 M li, 2 M re.
5. Reihe: 2 M li, [2 M re, 2 M li] dreimal.
6. Reihe: 2 M re, 1 M li, Z3H, 2 M li, Z3V, 1 M li, 2 M re.
7. Reihe: 2 M li, 1 M re, 2 M li, 4 M re, 2 M li, 1 M re, 2 M li.
8. Reihe: 2 M re, 1 M li, 2 M re, 4 M li, 2 M re, 1 M li, 2 M re.
9. Reihe: wie 7. R.
10. Reihe: 2 M re, 1 M li, Z3V, 2 M li, Z3H, 1 M li, 2 M re.
11. Reihe: wie 5. R.
12. Reihe: 2 M re, 2 M li, Z3V, Z3H, 2 M li, 2 M re.
Diese 12 R bilden den Musterstreifen A.

Musterstreifen B
Wird über 19 M gearbeitet.
1. Reihe (Rückreihe): 4 M re, N5, 2 M re, 2 M li, 1 M re, 2 M li, 2 M re, N5, 4 M re
2. Reihe: 4 M li, 5 M re verschr. zusstr, 2 M li, 3 M auf der Zopfnadel vor die Arbeit legen, 2 M re, die 1. M von der Zopfnadel auf li Stricknadel heben, li stricken, dann die beiden anderen M re, 2 M li, 5 M re verschr. zusstr, 4 M li.
3. Reihe: 7 M re, 2 M li, 1 M re, 2 M li, 7 M re.
4. Reihe: 6 M li, Z3H, 1 M li, Z3V, 6 M re.
5. Reihe: 6 M re, 2 M li, 3 M re, 2 M li, 6 M re.
6. Reihe: 5 M li, Z3H, 3 M li, Z3V, 5 M li.
7. Reihe: 5 M re, 2 M li, 2 M re, N5, 2 M re, 2 M li, 5 M re.
8. Reihe: 4 M li, Z3H, 2 M li, 5 M re verschr. zusstr, 2 M li, Z3V, 4 M li.
9. Reihe: 4 M re, 2 M li, 7 M re, 2 M li, 4 M re.
10. Reihe: 3 M li, Z3H, 7 M li, Z3V, 3 M li.
11. Reihe: 3 M re, 2 M li, 2 M re, N5, 3 M re, N5, 2 M re, 2 M li, 3 M re.
12. Reihe: 2 M li, Z3H, 2 M li, 5 M re verschr. zusstr, 3 M li, 5 M re verschr. zusstr, 2 M li, Z3V, 2 M li.
13. Reihe: 2 M re, 2 M li, 11 M re, 2 M li, 2 M re.
14. Reihe: 2 M li, 2 M re, 11 M li, 2 M re, 2 M li.
15. Reihe: 2 M re, 2 M li, 3 M re, [N5, 3 M re] zweimal, 2 M li, 2 M re.
16. Reihe: 2 M li, Z3V, 2 M li, 5 M re verschr. zusstr, 3 M li, 5 M re verschr. zusstr, 2 M li, Z3H, 2 M li.
17. Reihe: 3 M re, 2 M li, 9 M re, 2 M li, 3 M re.
18. Reihe: 3 M li, Z3V, 7 M li, Z3H, 3 M li.
19. Reihe: 4 M re, 2 M li, 3 M re, N5, 3 M re, 2 M li, 4 M re.
20. Reihe: 4 M li, Z3V, 2 M li, 5 M re verschr. zusstr, 2 M li, Z3H, 4 M li.
21. Reihe: 5 M re, [2 M li, 5 M re] zweimal.
22. Reihe: 5 M li, Z3V, 3 M li, Z3H, 5 M li.
23. Reihe: wie 5. R.
24. Reihe: 6 M li, Z3V, 1 M li, Z3H, 6 M li.
Diese 24 R bilden den Musterstreifen B.

Rückenteil
130 M mit Nadeln Nr. 4 anschlagen.
1. Reihe: 2 M li, [2 M re, 2 M li] bis zum Ende der R.
2. Reihe: 2 M re, [2 M li, 2 M re] bis zum Ende der R.
Wdh Sie die letzten beiden R viermal.
Zunahme-Reihe: 33 M Rippenmuster, [Z 1, 32 M Rippenmuster] zweimal, Z 1, 33 M Rippenmuster [133 M].
Wechseln Sie zu Nadeln Nr. 5.
1. Reihe (Rückreihe): 1 M re, * [1 M re, 1 M li, 1 M re] aus der nächsten M stricken, 3 M li zusstr *, von * bis * einmal wdh, 1 M re, 1. R von Musterstreifen A, [1. Reihe von Musterstreifen B, 1. R von Musterstreifen A] dreimal, 1 M re, von * bis * zweimal wdh, 1 M re.
2. Reihe: 10 M li, 2. R von Musterstreifen A, [2. R von Musterstreifen B, 2. R von Musterstreifen A] dreimal, 10 M li.
3. Reihe: 1 M re, * 3 M li zusstr, [1 M re, 1 M li, 1 M re] aus der nächsten M stricken *, von * bis * einmal wdh, 1 M re, 3. R von Musterstreifen A, [3. R von Musterstreifen B, 3. R von Musterstreifen A] dreimal, 1 M re, von * bis * zweimal wdh, 1 M re.
4. Reihe: 10 M li, 4. R von Musterstreifen A, [4. R von Musterstreifen B, 4. R von Musterstreifen A] dreimal, 10 M li.
Diese 4 Reihen legen die Position der Musterstreifen fest und bilden die seitlichen Musterstreifen. Stricken Sie in dieser Einteilung, bis das Rückenteil ca. 46 cm lang ist. Die letzte R ist eine 13. R von Musterstreifen B.
Schulterabnahme
Ketten Sie am Anfang der nächsten 4 R 22 M ab. Legen Sie die verbleibenden 45 M auf einer Hilfsnadel still.

Vorderteil
Wird bis zu einer Höhe von ca. 41 cm wie das Rückenteil gestrickt. Die letzte R ist eine 1. R von Musterstreifen B.
Halsabnahme
Nächste Reihe: 53 M Muster, 2 M zusstr, wenden. Beenden Sie zunächst diese Seite. Stricken Sie im Muster weiter und nehmen Sie an der Halsseite in jeder R 1 M ab, bis 44 M übrig sind. 1 R Muster.
Schulterabnahme
Ketten Sie 22 M am Anfang der nächsten R ab. Stricken Sie 1 R. Ketten Sie die verbleibenden 22 M ab.
Setzen Sie die Arbeit auf der Vorderseite fort. Legen Sie 23 M auf einem Maschenraffer still, stricken Sie 2 M zusammen und beenden Sie die R im Muster. Nehmen Sie nun auf der Halsseite in jeder R 1 M ab, bis 44 M übrig sind. Stricken Sie 2 R im Muster.
Schulterabnahme
Ketten Sie am Anfang der nächsten R 22 M ab. Stricken Sie 1 R und ketten Sie dann die verbleibenden 22 M ab.

Aran-Pullover mit Zöpfen und Noppen

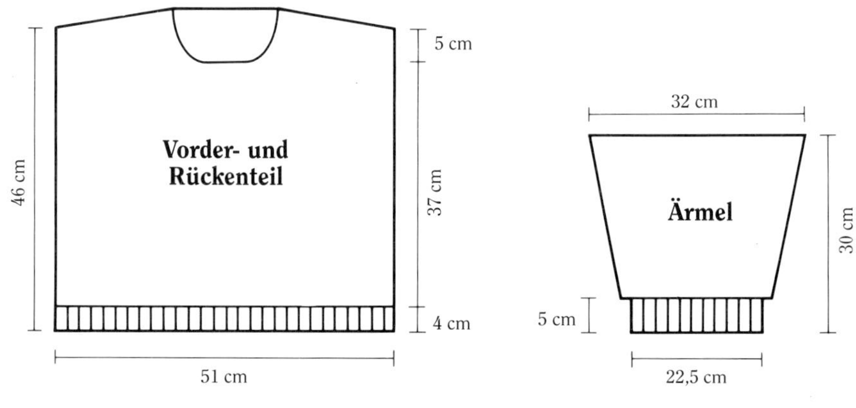

Ärmel

38 M mit Nadeln Nr. 4 anschlagen. Beginnen Sie mit einer 2. R und stricken Sie 14 R im Rippenmuster, wie beim Bund des Rückenteils.
Zunahme-Reihe: 2 M Rippen, Z 1, 1 M Rippe, Z 1, 3 M Rippen, Z 1, 1 M Rippe, Z 1, 4 M Rippen, Z 1, 1 M Rippe, Z 1, 3 M Rippen, [Z 1, 1 M Rippe] achtmal, Z 1, 3 M Rippen, Z 1, 1 M Rippe, Z 1, 4 M Rippen, Z 1, 1 M Rippe, Z 1, 3 M Rippen, Z 1, 1 M Rippe, Z 1, 2 M Rippen [59 M]. Wechseln Sie zu Nadeln Nr. 5.
1. Reihe (Rückreihe): 1 M re, [1 M re, 1 M li, 1 M re] aus der nächsten M herausstricken, 3 M li zusstr, 1 M re, 1. R von Musterstreifen A, 1. R von Musterstreifen B, dann 1. R von Musterstreifen A, 1 M re, [1 M re, 1 M li, 1 M re] aus der nächsten M herausstricken, 3 M li zusstr, 1 M re.
2. Reihe: 6 M re, 2. R von Musterstreifen A, 2. R von Musterstreifen B, 2. R von Musterstreifen A, 6 M li.
3. Reihe: 1 M re, 3 M li zusstr, [1 M re, 1 M li, 1 M re] in die nächste M arbeiten, 1 M re, 3. R von Musterstreifen A, 3. R von Musterstreifen B, 3. R von Musterstreifen A, 1 M re, 3 M li zusstr, [1 M re, 1 M li, 1 M re] in die nächste M arbeiten, 1 M re.
4. Reihe: 6 M li, 4. R von Musterstreifen A, 4. R von Musterstreifen B, 4. R von Musterstreifen A, 6 M li.
Diese 4 R legen die Position der Musterstreifen fest und bilden die seitlichen Musterstreifen. Stricken Sie in dieser Einteilung und nehmen Sie beidseitig in der nächsten R und jeder folgenden 4. R 1 M zu, bis Sie 83 M auf der Nadel haben. Die zugenommenen M werden in das seitliche Muster integriert. Stricken Sie weiter, bis der Ärmel 30 cm lang ist. Die letzte R ist eine Rück-R. Ketten Sie die M ab.

Halsblende

Schließen Sie die rechte Schulternaht.
Mit Nadeln Nr. 4 nehmen Sie aus dem li Halsausschnitt 16 M auf und stricken sie re. Die mittleren M werden wie folgt gestrickt: 2 M re, 2 M li, 2 M re zusstr, 1 M re, 2 M li, 2 M re, aus der nächsten M 2 M li stricken, 2 M re, 2 M li, 1 M re, 2 M re zusstr, 2 M li, 2 M re. Aus dem re Halsausschnitt nehmen Sie 15 M auf und stricken sie re. Die M des Rückenteils werden wie folgt gestrickt: 1 M re, [2 M li, 2 M re] dreimal, 2 M li zusstr, 1 M li, 2 M re, 2 M li, 2 M re, aus der nächsten M 2 M li stricken, 2 M re, 2 M li, 2 M re, 2 M li zusstr, 1 M li, [2 M re, 2 M li] dreimal, die letzte M doppelt stricken [98 M]. Beginnen Sie mit einer 1. R und stricken Sie 12 R im Rippenmuster, wie beim Bund des Rückenteils. Wechseln Sie zu Nadeln Nr. 5 und stricken Sie weitere 15 R Rippenmuster. Ketten Sie die M im Rippenmuster ab.

Fertigstellung

Schließen Sie die li Schulternaht und die Halsblende. Die Nahtzugabe liegt bei den letzten 8 cm auf der anderen Seite. Setzen Sie die Ärmel ein; die Ärmelmitte liegt auf der Schulternaht. Schließen Sie Seiten- und Ärmelnähte.

Jacke mit Bordüren Seite 33

Material

5 (6) 100-g-Stränge Rowan Magpie Aran (dickeres Schnellstrickgarn) in Marineblau
Je 1 Strang in Grün, Gold, Rot, Ecru und Türkis
Stricknadeln Nr. 4 und 5
Rundstricknadeln Nr. 4 und 5
7 (8) Knöpfe

Maße

Alter	3–4	5–6	Jahre
Jacken-Weite	83	93	cm
Länge	47	53	cm
Ärmellänge (innen)	26	30	cm

Maschenprobe

Mit Nadeln Nr. 5 im Muster gestrickt, ergeben 18 M und 22 R = 10 x 10 cm.

Abkürzungen

Siehe Seite 44.

Anmerkung

Stricken Sie das Zählmuster in Hinreihen von re nach li und in Rückreihen von li nach re. Führen Sie den nicht benötigten Faden locker hinter der Arbeit über höchstens 5 M mit, um das Strickstück elastisch zu halten.

Taschenbeutel (zweimal arbeiten)

19 M mit Nadeln Nr. 5 in A anschlagen. Beginnen Sie mit einer R re und stricken Sie 32 R glatt re. Legen Sie diese Maschen auf einer Hilfsnadel still.

Rücken- und Vorderteil

Werden bis zum Armausschnitt in einem Stück gestrickt.
151 (169) M auf Rundstricknadel Nr. 4 anschlagen. Arbeiten Sie in Hin- und Rückreihen.
1. Reihe: 1 M re, [1 M li, 1 M re] bis zum Ende der R.
Diese R bildet das Perlmuster. Wdh Sie diese R noch neunmal und nehmen Sie in der letzten R gleichmäßig verteilt 4 M zu [155 (173) M]. Wechseln Sie zu Rundstricknadeln Nr. 5.
Nächste Reihe (Hinreihe): 5 M Perlmuster, re bis zu den letzten 5 M, 5 M Perlmuster.
Nächste Reihe: 5 M Perlmuster, li bis zu den letzten 5 M, 5 M Perlmuster.
Verwenden Sie für jede Perlmusterblende ein kleines Knäuel in A und verkreuzen Sie die Fäden auf der Rückseite. Arbeiten Sie in folgender Musteraufteilung:
1. Reihe: 5 M Perlmuster in A, 18 M von 1. R des Zählmusters 8(9)-mal, Rand-M des Musters re in A, 5 M Perlmuster.
2. Reihe: 5 M Perlmuster in A, dann die Rand-M der 2. R des Zählmusters li, die folgenden 18 M des Musters li 8(9)-mal, 5 M Perlmuster in A.
Diese 2 R legen die Mustereinteilung fest. Stricken Sie weitere 4 R wie beschrieben.
Knopflochreihe: 2 M Muster, 2 M re zusstr, 1 U, Muster bis zum Ende der R.
Stricken Sie 11 R im Muster, dann wdh Sie die Knopflochreihe. Stricken Sie weitere 8 R im Muster.
Einfügen der Taschenbeutel
Nächste Reihe: 10 M Muster in A, 1 M li, [1 M re, 1 M li] 9-mal, Muster bis zu den letzten 29 M, in A: 1 M li, [1 M re, 1 M li] 9-mal, 10 M Muster. Wdh Sie diese R einmal.
Nächste Reihe: 10 M Muster in A, ketten Sie im Perlmuster 19 M ab, stricken Sie bis zu den letzten 29 M, ketten Sie im Perlmuster 19 M ab und stricken Sie das Muster bis zum Ende der R.
Nächste Reihe: 2 M Muster, 2 M re zusstr, 1 U, 6 M Muster. Stricken Sie nun die stillgelegten M des Taschenbeutels anstelle der abgeketteten im Muster und stricken Sie im Muster bis zu den letzten 10 M. Fügen Sie auch hier den Taschenbeutel ein und stricken Sie alle M im Muster ab, bis zum Ende der R.
Stricken Sie weitere 25 (33) R und arbeiten Sie in jeder 12. R ein Knopfloch.

Jacke mit Bordüren

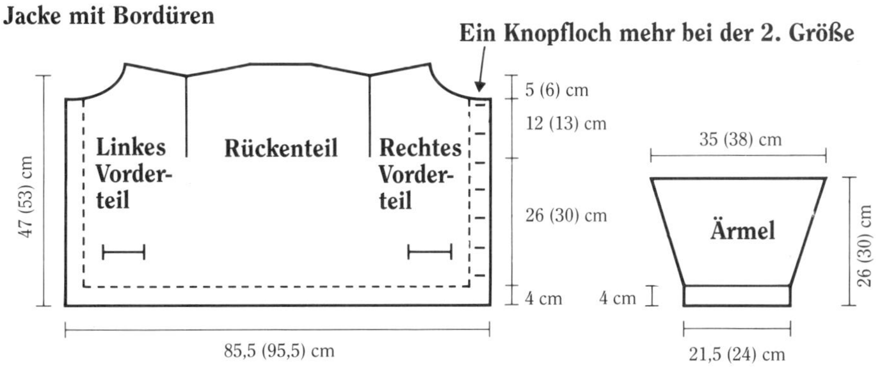

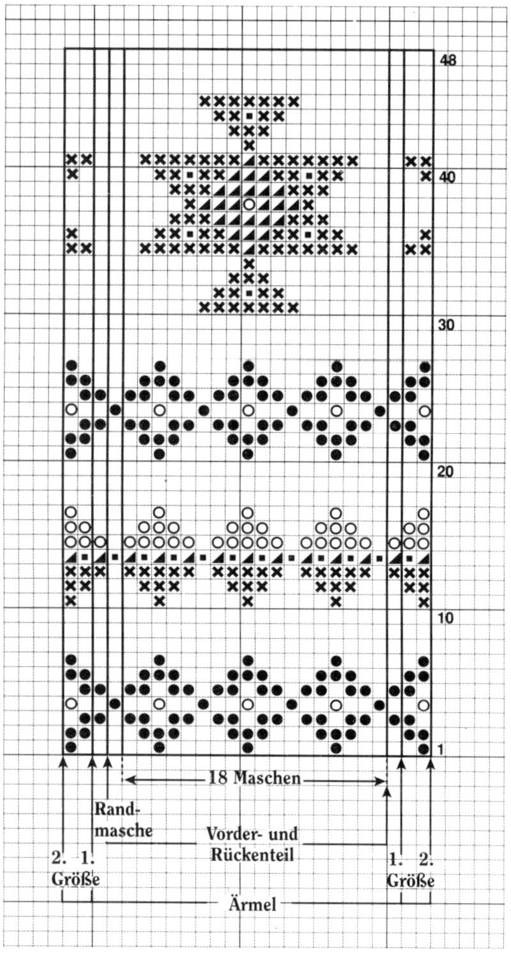

Farbschlüssel

- □ Marineblau
- ● Grün
- ○ Gold
- ✕ Rot
- ▪ Ecru
- ◢ Türkis

Teilen für den Armausschnitt
Nächste Reihe: Stricken Sie 40 (45) M im Muster, nehmen Sie in der nächsten M 1 M zu und wenden Sie die Arbeit. Beenden Sie zunächst das rechte Vorderteil. Stricken Sie im Muster weitere 25 (27) R und arbeiten Sie Knopflöcher in der 10. (12.) R und noch 1(2)-mal in der folgenden 12. R.
Halsausschnitt
Nächste Reihe: Ketten Sie 3 M ab, 5 M Muster. Legen Sie diese 6 M auf einer Sicherheitsnadel still. Beenden Sie die R im Muster.
Nehmen Sie an der Halsseite 1 M in jeder Reihe ab, bis noch 26 (28) M übrig sind. Stricken Sie weitere 5 (4) R im Muster.
Schulterabnahme
Ketten Sie am Anfang der nächsten R 13 (14) M ab. 1 R Muster. Ketten Sie die übrigen 13 (14) M ab.
Setzen Sie die Arbeit auf der Vorderseite fort und stricken Sie 73 (81) M im Muster. Beenden Sie jetzt das Rückenteil. Stricken Sie 37 (41) R im Muster.
Schulterabnahme
Ketten Sie 13 (14) M am Anfang der nächsten 4 R ab. Legen Sie die verbleibenden 21 (25) M auf einer Hilfsnadel still.
Stricken Sie nun die M des linken Vorderteils: Nehmen Sie in der 1. M 1 M zu, Muster bis zum Ende der R. Beenden Sie das Vorderteil gegengleich zum rechten.

Ärmel

31 (35) M mit Nadeln Nr. 4 in A anschlagen. Stricken Sie 10 R im Perlmuster, wie beim Bund des Vorder- und Rückenteils.
Zunahme-Reihe: 1 (3) M Perlmuster, [Z 1, 4 M Perlmuster] 7-mal, Z 1, 2 (4) M Perlmuster [39 (43) M].
Wechseln Sie zu Nadeln Nr. 5. Stricken Sie 1 R li und 1 R re. Setzen Sie die Arbeit glatt re fort und stricken Sie nach dem Zählmuster. Nehmen Sie beidseitig in der nächsten R und jeder folgenden 4. R 1 M zu, bis Sie 63 (69) M auf der Nadel haben. Integrieren Sie die zugen. M in das Muster. Stricken Sie dann 3 (7) R geradeaus hoch. Ketten Sie die M ab.

Kragen

Schließen Sie die Schulternähte.
Beginnen Sie mit der M-Aufnahme bei der rechten Vorderseite. Nehmen Sie die M der Sicherheitsnadel auf eine Nadel Nr. 4. Nehmen Sie dann in A 16 (18) M aus dem rechten Halsausschnitt auf und stricken die M re. Die M des Rückenteils werden wie folgt gestrickt:
3 (1) M re, [Z 1, 3 M re] 6(8)-mal, dann nehmen Sie aus der linken Ausschnittseite 16 (18) M auf und stricken sie re. Die M von der Sicherheitsnadel werden 5 M re, 1 M li gestrickt [71 (81) M].
Nächste Reihe: 1 M li, [1 M re, 1 M li] bis zum Ende der R.
Diese Reihe bildet das Perlmuster.
Nächste 2 Reihen: Perlmuster bis zu den letzten 22 (24) M. Wenden.
Nächste 2 Reihen: Perlmuster bis zu den letzten 19 (21) M. Wenden.
Stricken Sie in dieser Einteilung weiter und erweitern Sie am Ende der nächsten 6 (8) R das Perlmuster immer um 3 M, wenden Sie die Arbeit und beenden Sie die R. Stricken Sie 26 R Perlmuster über alle M. Ketten Sie die M locker im Perlmuster ab.

Fertigstellung

Setzen Sie die Ärmel ein; die Ärmelmitte liegt auf der Schulternaht. Schließen Sie die Ärmelnähte. Nähen Sie die Taschenbeutel fest. Nähen Sie die Knöpfe an.

Sternen-Pullover Seite 34

Material

5 (6) x 50 g Rowan Cotton Glace (dünneres Baumwollgarn, matt glänzend) in Marineblau (A)
Je 1 Knäuel in Flieder, Grün, Rot, Türkis und Gold
Stricknadeln Nr. 2¾ und 3¼
1 Knopf

Maße

Alter	12–18	18–24	Monate
Jacken-Weite	70	76	cm
Länge	31	36	cm
Ärmellänge (innen)	19	24	cm

Maschenprobe

Mit Nadeln Nr. 3¼ glatt re gestrickt, ergeben 26 M und 34 R = 10 x 10 cm.

Abkürzungen

Siehe Seite 44.

Anmerkung

Stricken Sie das Zählmuster in Hinreihen (re M) von re nach li und in Rückreihen (li M) von li nach re.
Wenn Sie die Bordüre stricken, führen Sie den nicht benötigten Faden locker auf der Rückseite der Arbeit mit, um das Strickstück elastisch zu halten.
Wenn Sie im Hauptmuster arbeiten, verwenden Sie für jede Kontrastfarbe ein eigenes kleines Knäuel. Verkreuzen Sie die Fäden, damit keine Löcher entstehen.

Rückenteil

91 (99) M in A mit Nadeln Nr. 2¾ anschlagen.
1. Reihe (Hinreihe): 1 M re, [1 M li, 1 M re] bis zum Ende der R.
2. Reihe: 1 M li, [1 M re, 1 M li] bis zum Ende der R.
Wdh Sie diese R, bis der Bund 3 cm misst. Die letzte R ist eine Rück-R.
Wechseln Sie zu Nadeln Nr. 3¼.
Beginnen Sie mit einer R re und stricken Sie das Bordürenmuster lt. Zählmuster 1 von R 1 bis 6 glatt re.
Arbeiten Sie im Hauptmuster wie folgt:
Stricken Sie 4 (6) R glatt re in A.
Nächste Reihe (re): In A 6 (7) M, *1. R Zählmuster 2, 6 (8) M in A, 1. R von Zählmuster 3*. 7 (9) M in A, wdh von * bis *, 6 (7) M, in A.

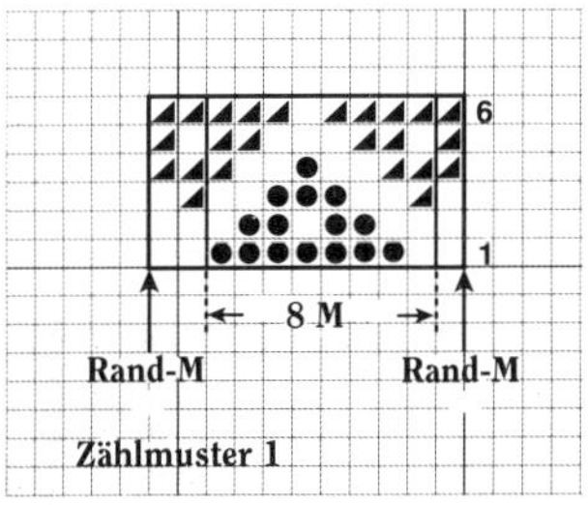

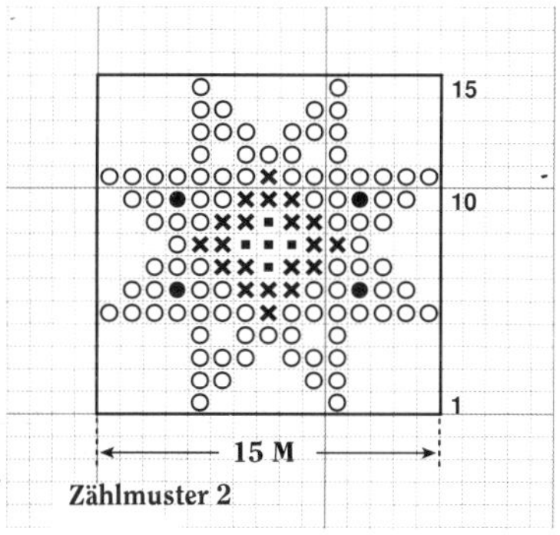

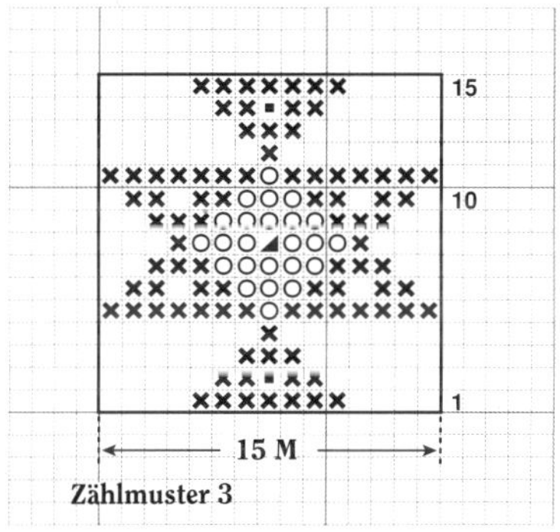

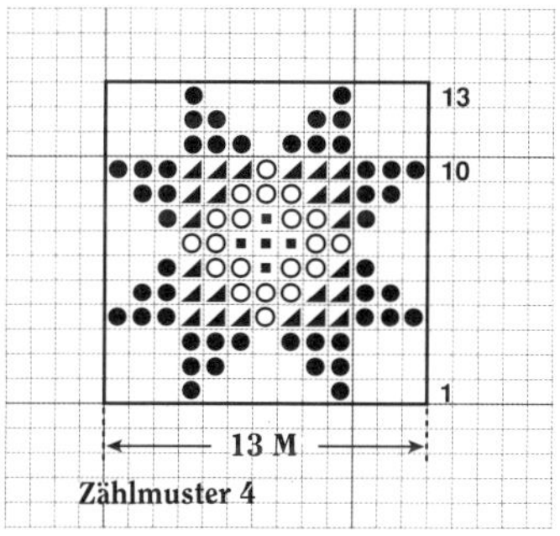

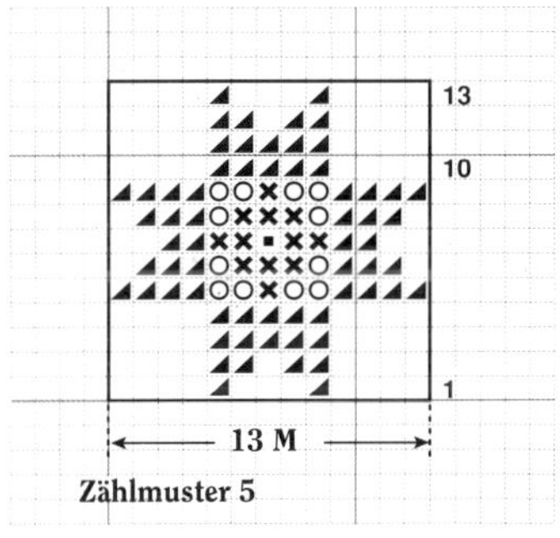

Farbschlüssel

- ☐ Marineblau
- ● Flieder
- ◢ Grün
- ○ Rot
- ✕ Türkis
- ▪ Gold

Nächste Reihe (li): In A 6 (7) M, *2. R von Zählmuster 3, 6 (8) M in A, 2. R von Zählmuster 2*, 7 (9) in A, wdh von * bis *, 6 (7) M in A.
Stricken Sie weitere 13 R lt. Zählmuster.
Stricken Sie dann in A 7 (11) R glatt re.
Nächste Reihe (re): In A 1 M, [1. R von Zählmuster 4, 6 (8) M in A, 1. R von Zählmuster 5, 6 (8) M in A] zweimal, 1. R von Zählmuster 4, 1 M in A.
Nächste Reihe (li): In A 1 M, [2. R von Zählmuster 4, 6 (8) M in A, 2. R von Zählmuster 5, 6 (8) M in A] zweimal, 2. R von Zählmuster 4, 1 M in A.
Stricken Sie weitere 11 R lt. Zählmuster.
Stricken Sie dann in A 7 (11) R glatt re.
Nächste Reihe (re): In A 6 (7) M, *1. R von Zählmuster 3, 6 (8) M in A, 1. R von Zählmuster 2*, 7 (9) M in A, wdh von * bis *, 6 (7) M in A.
Nächste Reihe (li): In A 6 (7) M, *2. R von Zählmuster 2, 6 (8) M in A, 2. R von Zählmuster 3*, 7 (9) M in A, wdh von * bis *, 6 (7) M in A.
Stricken Sie weitere 13 Reihen, wie beschrieben.**
Stricken Sie weitere 5 (9) R lt. Zählmuster glatt re.

Rückenschlitz

Nächste Reihe (re): In A 44 (48) M, 2 M re zusstr, wenden. Beenden Sie zunächst diese Hälfte.
Nächste Reihe: In A 3 M re, li bis zum Ende der R.
Nächste Reihe: In A 1 M re, 1. R von Zählmuster 5, in A 6 (8) M re, 1. R von Zählmuster 4, 12 (14) M re in A.
Nächste Reihe: In A 3 M re, 9 (11) M li, 2. R von Zählmuster 4, 6 (8) M li in A, 2. R von Zählmuster 5, 1 M li in A.
Stricken Sie weitere 11 R lt. Zählmuster. Die inneren 3 M werden kraus re gestrickt. Sie stricken in A weitere 1 (5) R.

Schulterabnahme:

Ketten Sie am Beginn der nächsten R 11 (12) M ab und am Beginn der übernächsten R 12 M. Legen Sie die übrigen 11 (13) M auf einer Hilfsnadel still.
Setzen Sie die Arbeit auf der Vorderseite fort und stricken Sie die R re bis zum Ende.
Nächste Reihe: Li bis zu den letzten 3 M, 3 M re.
Nächste Reihe: In A 12 (14) M re, 1. R von Zählmuster 4, 6 (8) M re in A, 1. R von Zählmuster 5, 1 M re in A.
Nächste Reihe: In A 1 M li, 2. R von Zählmuster 5, 6 (8) M li in A, 2. R von Zählmuster 4, 9 (11) M li, 3 M re in A.
Stricken Sie weitere 11 R lt. Zählmuster. Die inneren 3 M werden kraus re gestrickt. Sie stricken in A weitere 2 (6) R. Beenden Sie diese Seite wie die erste.

Vorderteil

Wird bis zu ** wie das Rückenteil gearbeitet.
Stricken Sie in A 7 (11) R glatt re.
Nächste Reihe (re): In A 1 M, 1. R von Zählmuster 5, 6 (8) M in A, 1. R von Zählmuster 4, 25 (29) M in A, 1. R von Zählmuster 4, 6 (8) M in A, 1. R von Zählmuster 5, 1 M in A.
Nächste Reihe (li): In A 1 M, 2. R von Zählmuster 5, 6 (8) M in A, 2. R von Zählmuster 4, 25 (29) M in A, 2. R von Zählmuster 4, 6 (8) M in A, 2. R von Zählmuster 5, 1 M in A.

Halsausschnitt

Nächste Reihe: 38 (41) M Muster, wenden.
Beenden Sie zunächst diesen Teil. Stricken Sie lt. Zählmuster weiter und nehmen Sie auf der Halsseite in den nächsten 4 (5) R 1 M ab [34 (36) M]. Stricken Sie 6 (5) R im Muster.
Stricken Sie nun in A 1 (5) R.

Schulterabnahme

Ketten Sie 11 (12) M am Anfang der nächsten und übernächsten R ab. Stricken Sie 1 R und ketten Sie die übrigen M ab.
Setzen Sie die Arbeit auf der Vorderseite fort und legen Sie die mittleren 15 (17) M auf einem Maschenraffer still, dann beenden Sie die R im Muster. Nehmen Sie auf der Halsseite in den nächsten 4 (5) R je 1 M ab [34 (36) M]. Stricken Sie im Muster weitere 6 (5) R. Setzen Sie die Arbeit in A fort, stricken Sie noch 2 (6) R in A und beenden Sie sie, wie bei der anderen Seite beschrieben.

Ärmel

37 (41) M in A mit Nadeln Nr. 2¾ anschlagen.
Stricken Sie 3 (4) cm im Rippenmuster wie beim Bund des Rückenteils; die letzte R ist eine Hinreihe.
Zunahme-Reihe: 4 (3) M Rippenmuster, Z 1, [6 (4) M Rippenmuster, Z 1] bis zu den letzten 3 (2) M, 3 (2) M Rippenmuster [43 (51) M].
Wechseln Sie zu Nadeln Nr. 3¼. Beginnen Sie mit einer R re und stricken Sie glatt re.
Stricken Sie das Bordürenmuster lt. Zählmuster 1. Nehmen Sie beidseitig in der 5. R 1 M zu [45 (53) M].
Arbeiten Sie nun im Hauptmuster wie folgt:
Stricken Sie in A glatt re 4 (6) R und nehmen Sie beidseitig in jeder 2. (3.) R 1 M zu [47 (55) M].
Nächste Reihe (re): In A stricken Sie die 1. M zweimal ab, 4 (7) M, 1. R von Zählmuster 3, 7 (9) M in A, 1. R von Zählmuster 2, 4 (7) M in A, die letzte M stricken Sie doppelt.
Nächste Reihe (li): In A 6 (9) M, 2. R von Zählmuster 2, 7 (9) M in A, 2. R von Zählmuster 3, 6 (9) M in A.
Stricken Sie weitere 13 R nach dem Zählmuster und nehmen Sie beidseitig in der 2. (3.) R und den 3 (2) folgenden 3. (4.) R 1 M zu. Die zugenommenen M werden in A gestrickt [57 (63) M]. Stricken Sie nun 7 (11) R in A und nehmen Sie beidseitig in der 1. (2.) R und den 2 folgenden 3. (4.) R 1 M zu [63 (69) M].

Sternen-Pullover

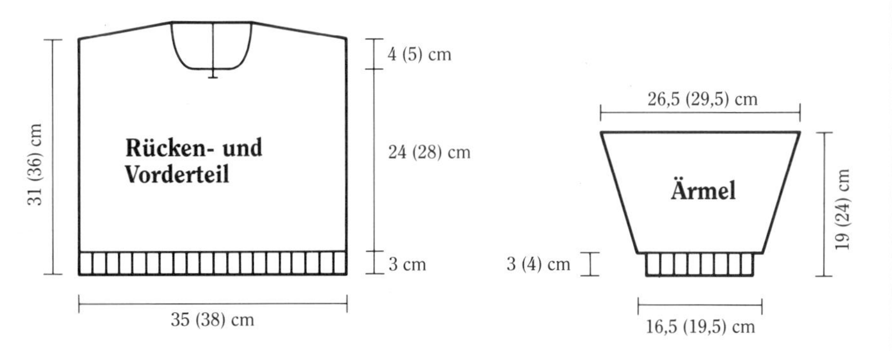

Nächste Reihe (re): In A 6 (7) M, 1. Reihe von Zählmuster 5, 6 (8) M in A, 1. R von Zählmuster 4, 6 (8) M in A, 1. R von Zählmuster 5, 6 (7) M in A.
Nächste Reihe (li): In A 6 (7) M, 2. R von Zählmuster 5, 6 (8) M in A, 2. R von Zählmuster 4, 6 (8) M in A, 2. R von Zählmuster 5, 6 (7) M in A.
Stricken Sie weitere 11 R nach dem Zählmuster und nehmen Sie beidseitig in der nächsten R und den folgenden 2. (3./4.) R 1 M zu [69 (75) M]. Stricken Sie nun in A 7 (13) M glatt re und nehmen Sie beidseitig **nur für die 2. Größe** in der 2. R 1 M zu [69 (77) M]. Ketten Sie die M ab.

Kragen
Schließen Sie die Schulternähte.
Mit Nadeln Nr. 2¾ stricken Sie in A die M der li Rückenteilseite re. Aus der li Vorderteilseite nehmen Sie 19 (22) M auf und stricken sie re, ebenso die mittleren M. Dann nehmen Sie aus der re Vorderteilseite 19 (22) M auf und stricken sie re, ebenso die M von der re Rückenteilseite [75 (87) M].
Nächste Reihe: 4 M re, [1 M li, 1 M re] bis zu den letzten 3 M, 3 M re.
Nächste Reihe: 3 M re, [1 M li, 1 M re] bis zu den letzten 4 M, 1 M li, 3 M re.
Wdh Sie die letzten beiden R zweimal.
Nächste Reihe: 3 M re, 31 (37) M Rippenmuster, 2 M re, 2 M re zusstr, wenden. Beenden Sie zunächst diesen Teil.
Nächste Reihe: 3 M re, Rippenmuster bis zu den letzten 3 M, 3 M re.
Wdh Sie diese R 14(16)-mal. Stricken Sie 3 R re. Ketten Sie die M ab.
Beenden Sie nun die andere Seite der Arbeit.
Nächste Reihe: 3 M re, Rippenmuster bis zu den letzten 3 M, 3 M re.
Wdh Sie diese R 15(17)-mal. Stricken Sie 3 R re. Ketten Sie die M ab.

Fertigstellung
Setzen Sie die Ärmel ein; die Ärmelmitte liegt auf der Schulternaht. Schließen Sie Ärmel- und Seitennähte. Häkeln Sie eine Knopfschlaufe oben an die li Rückenteilseite. Nähen Sie den Knopf auf der anderen Seite an.

Aran-Cardigan mit Schalkragen zum

Material
8 (8/9) x 50 g Rowan Cotton Glace (dünneres Baumwollgarn, matt glänzend)
Stricknadeln Nr. 3¼ und 3¾
Rundstricknadeln Nr. 3¼
Zopfnadel
4 Knöpfe

Maße

Alter	1	2	3	Jahre
Cardigan-Weite	67	70	73	cm
Länge	31	33	35	cm
Ärmellänge (innen)	21	23	26	cm

Maschenprobe
Mit Nadeln Nr 3¾ im Perlmuster gestrickt, ergeben 26 M und 36 R = 10 x 10 cm.

Abkürzungen
Z3V = 2 M auf der Zopfnadel vor die Arbeit legen, 1 M li, dann die M von der Zopfnadel re.
Z3H = 1 M auf der Zopfnadel hinter die Arbeit legen, 2 M re, dann die M von der Zopfnadel li.
Z4V = 2 M auf der Zopfnadel vor die Arbeit legen, 2 M re, dann die M von der Zopfnadel re.
N = [1 M re, 1 M li] zweimal in die nächste M stricken, wenden, 4 M li, 2 M abheben, 2 M re zusstr, dann die abgehobenen M darüberziehen.
Siehe auch Seite 44.

Musterstreifen A
Wird über 6 M gearbeitet.
1. Reihe (Hinreihe): 1 M li, N, 1 M li, Z3H.
2. Reihe: 1 M re, 2 M li, 3 M re.
3. Reihe: 2 M li, Z3H, 1 M li.
4. Reihe: 2 M re, 2 M li, 2 M re.
5. Reihe: 1 M li, Z3H, 2 M li.
6. Reihe: 3 M re, 2 M li, 1 M re.
7. Reihe: Z3H, 3 M li.
8. Reihe: 4 M re, 2 M li.
9. Reihe: Z3V, 1 M li, N, 1 M li.
10. Reihe: 3 M re, 2 M li, 1 M re.
11. Reihe: 1 M li, Z3V, 2 M li.
12. Reihe: 2 M re, 2 M li, 2 M re.
13. Reihe: 2 M li, Z3V, 1 M li.
14. Reihe: 1 M re, 2 M li, 3 M re.
15. Reihe: 3 M li, Z3V.
16. Reihe: 2 M li, 4 M re.
Diese 16 R bilden das Muster.

Musterstreifen B
Wird über 11 M gearbeitet.
1. Reihe (Hinreihe): 2 M li, Z3H, 1 M re, Z3V, 2 M li.
2. Reihe: 2 M re, 2 M li, 1 M re, 1 M li, 1 M re, 2 M li, 2 M re.
3. Reihe: 1 M li, Z3H, 1 M re, 1 M li, 1 M re, Z3V, 1 M li.
4. Reihe: 1 M re, 2 M li, 1 M re, [1 M li, 1 M re] zweimal, 2 M li, 1 M re.
5. Reihe: Z3H, 1 M re, [1 M li, 1 M re] zweimal, Z3V.
6. Reihe: 2 M li, 1 M re, [1 M li, 1 M re] dreimal, 2 M li.
7. Reihe: 3 M re, [1 M li, 1 M re] dreimal, 2 M re.
8. Reihe: 3 M li, [1 M re, 1 M li] dreimal, 2 M li.
9. Reihe: Z3V, 1 M re, [1 M li, 1 M re] zweimal, Z3H.
10. Reihe: 1 M re, 3 M li, [1 M re, 1 M li] zweimal, 2 M li, 1 M re.
11. Reihe: 1 M li, Z3V, 1 M re, 1 M li, 1 M re, Z3H, 1 M li.
12. Reihe: 2 M re, 3 M li, 1 M re, 3 M li, 2 M re.
13. Reihe: 2 M li, Z3V, 1 M re, Z3H, 2 M li.
14. Reihe: 3 M re, 5 M li, 3 M re.
15. Reihe: 3 M li, legen Sie die nächsten 3 M auf der Zopfnadel hinter die Arbeit, 2 M re, dann die M von der Zopfnadel: 1 M li, 2 M re; 3 M li.
16. Reihe: 3 M re, 2 M li, 1 M re, 2 M li, 3 M re.
Diese 16 R bilden das Muster.

Rückenteil
93 (97/101) M mit Nadeln Nr. 3¼ anschlagen.
1. Reihe: 1 M re, [1 M li, 1 M re] bis zum Ende der R.
Diese R bildet das Perlmuster. Wdh. Sie diese R noch 8-mal.
Zunahme-Reihe: 10 (12/14) M Perlmuster, [Z 1, 6 M Perlmuster] 13-mal, Perlmuster bis zum Ende der R [106 (110/114) M].
Wechseln Sie zu Nadeln Nr. 3¾ .
1. Reihe (Hinreihe): 9 (11/13) M Perlmuster, 1 M li, 4 M re, 1 M li, 1. R von Musterstreifen A, 1 M li, 4 M re, 1 M li, 1. R von Musterstreifen B, 1 M li, 4 M re, 1 M li, 1. R von Musterstreifen A, 1 M li, 4 M re, 1 M li, 9. R von Musterstreifen A, 1 M li, 4 M re, 1 M li, 1. R von Musterstreifen B, 1 M li, 4 M re, 1 M li, 9. R von Musterstreifen A, 1 M li, 4 M re, 1 M li, 9 (11/13) M Perlmuster.
2. Reihe: 9 (11/13) M Perlmuster, 1 M re, 4 M li, 1 M re, 10. R von Musterstreifen A, 1 M re, 4 M li, 1 M re, 2. R von Musterstreifen B, 1 M re, 4 M li, 1 M re, 10. R von Musterstreifen A, 1 M re, 4 M li, 1 M re, 2. R von Musterstreifen A, 1 M re, 4 M li, 1 M re, 2. R von Musterstreifen B, 1 M re, 4 M li, 1 M re, 2. R von Musterstreifen A, 1 M re, 4 M li, 1 M re, 9 (11/13) M Perlmuster.
3. Reihe: 9 (11/13) M Perlmuster, 1 M li, Z4V, 1 M li, 3. R von Musterstreifen A, 1 M li, Z4V, 1 M li, 3. R von Musterstreifen B, 1 Mli, Z4V, 1 M li, 3. R von Musterstreifen A, 1 M li, Z4V, 1 M li, 11. R von Musterstreifen A, 1 M li, Z4V, 1 M li, 3. R von Musterstreifen B, 1 M li, Z4V, 1 M li, 11. R von Musterstreifen A, 1 M li, Z4V, 1 M li, 9 (11/13) M Perlmuster.
4. Reihe: 9 (11/13) M Perlmuster, 1 M re, 4 M li, 1 M re, 12. R von Musterstreifen A, 1 M re, 4 M li, 1 M re, 4. R von Musterstreifen B, 1 M re, 4 M li, 1 M re, 12. R von Musterstreifen A, 1 M re, 4 M li, 1 M re, 4. R von Musterstreifen A, 1 M re, 4 M li, 1 M re, 4. R von Musterstreifen B, 1 M re, 4 M li, 1 M re, 4. R von Musterstreifen A, 1 M re, 4 M li, 1 M re, 9 (11/13) M Perlmuster.
Diese 4 R bilden das Zopfmuster und legen die Position der Musterstreifen fest. Stricken Sie in dieser Einteilung, bis das Rückenteil 31 (33/35) cm lang ist. Die letzte R ist eine Rück-R.
Schulterabnahme
Ketten Sie 11 (11/12) M am Anfang der

Binden Seite 35

nächsten 4 R ab und 11 (12/11) M am Beginn der folgenden 2 R. Legen Sie die verbleibenden 40 (42/44) M auf einer Hilfsnadel still.

Linkes Vorderteil

49 (51/53) M mit Nadeln Nr. 3¼ anschlagen. Stricken Sie 9 R im Perlmuster, wie beim Bund des Rückenteils.
Zunahme-Reihe: 8 M Perlmuster, [Z 1, 6 M Perlmuster] 6-mal, Perlmuster bis zum Ende der R [55 (57/59) M].
Wechseln Sie zu Nadeln Nr. 3¾.
1. Reihe (Hinreihe): 9 (11/13) M Perlmuster, 1 M li, 4 M re, 1 M li, 1. R von Musterstreifen A, 1 M li, 4 M re, 1 M li, 1. R von Musterstreifen B, 1 M li, 4 M re, 1 M li, 1. R von Musterstreifen A, 5 M Perlmuster.
2. Reihe: 5 M Perlmuster, 2. R von Musterstreifen A, 1 M re, 4 M li, 1 M re, 2. R von Musterstreifen B, 1 M re, 4 M li, 1 M re, 2. R von Musterstreifen A, 1 M re, 4 M li, 1 M re, 9 (11/13) M Perlmuster.
3. Reihe: 9 (11/13) M Perlmuster, 1 M li, Z4V, 1 M li, 3. R von Musterstreifen A, 1 M li, Z4V, 1 M li, 3. R von Musterstreifen B, 1 M li, Z4V, 1 M li, 3. R von Musterstreifen A, 5 M Perlmuster.
4. Reihe: 5 M Perlmuster, 4. R von Musterstreifen A, 1 M re, 4 M li, 1 M re, 4. R von Musterstreifen B, 1 M re, 4 M li, 1 M re, 4. R von Musterstreifen A, 1 M re, 4 M li, 1 M re, 9 (11/13) M Perlmuster.
Diese 4 R bilden das Zopfmuster und legen die Position der Musterstreifen fest. Stricken Sie in dieser Einteilung, bis das Vorderteil 16 (17/18) cm lang ist. Die letzte R ist eine Rück-R.

Halsausschnitt

Nächste Reihe: Muster bis zu den letzten 8 M, wenden. Die 8 M werden auf einer Sicherheitsnadel stillgelegt.
Stricken Sie in der Mustereinteilung weiter und nehmen Sie an der Halsseite in den nächsten 9 R 1 M ab, dann in jeder 3. R, bis 33 (34/35) M übrig sind. Stricken Sie bis zur Schulterabnahme. Die letzte R endet auf der Schulterseite.

Schulterabnahme

Ketten Sie 11 (11/12) M am Anfang der nächsten und übernächsten R ab. Stricken Sie 1 R. Ketten Sie die verbleibenden 11 (12/11) M ab.
Kennzeichnen Sie an der geraden Vorderteilkante die Position der 4 Knöpfe: den ersten 4 R oberhalb des Anschlags, den letzten 2 R unterhalb der Ausschnittschrägung und die verbleibenden zwei gleichmäßig dazwischen.

Rechtes Vorderteil

49 (51/53) M mit Nadeln Nr 3¼ anschlagen. 4 R im Perlmuster stricken, wie beim Bund des Rückenteils angegeben.
Knopflochreihe (Hinreihe): 1 M re, 1 M li, 2 M re zusstr, 1 U, Muster bis zum Ende der R.
4 R Perlmuster.
Zunahme-Reihe: 11 (13/15) M Perlmuster, [Z 1, 6 M re] 6-mal, 2 M Perlmuster [55 (57/59) M].
Wechseln Sie zu Nadeln Nr. 3¾.
1. Reihe (Hinreihe): 5 M Perlmuster, 9. R von Musterstreifen A, 1 M li, 4 M re, 1 M li, 1. R von Musterstreifen B, 1 M li, 4 M re, 1 M li, 9. R von Musterstreifen A, 1 M li, 4 M re, 1 M li, 9 (11/13) M Perlmuster.
2. Reihe: 9 (11/13) M Perlmuster, 1 M re, 4 M li, 1 M re, 10. R von Musterstreifen A, 1 M re, 4 M li, 1 M re, 2. R von Musterstreifen B, 1 M re, 4 M li, 1 M re, 10. R von Musterstreifen A, 5 M Perlmuster.
3. Reihe: 5 M Perlmuster, 11. R von Musterstreifen A, 1 M li, Z4V, 1 M li, 3 R von Musterstreifen B, 1 M li, Z4V, 1 M li, 11. R von Musterstreifen A, 1 M li, Z4V, 1 M li, 9 (11/13) M Perlmuster.
4. Reihe: 9 (11/13) M Perlmuster, 1 M re, 4 M li, 1 M re, 12. R von Musterstreifen A, 1 M re, 4 M li, 1 M re, 4. R von Musterstreifen B, 1 M re, 4 M li, 1 M re, 12. R von Musterstreifen A, 5 M Perlmuster.
Diese 4 R bilden das Zopfmuster und legen die Position der Musterstreifen fest. Stricken Sie in dieser Mustereinteilung, bis das Vorderteil 16 (17/18) cm lang ist. Die letzte R ist eine Hin-R. Knopflöcher an den markierten Stellen arbeiten. Beenden Sie das rechte Vorderteil gegengleich zum linken.

Ärmel

45 (49/53) M mit Nadeln Nr. 3¼ anschlagen. 9 R Perlmuster stricken, wie beim Bund des Rückenteils angegeben.
Zunahme-Reihe: 6 (8/4) M Perlmuster, Z 1, [3 (3/4) M Perlmuster, Z 1] 11-mal, 6 (8/5) M Perlmuster [57 (61/65) M].
Wechseln Sie zu Nadeln Nr. 3¾.
1. Reihe (Hinreihe): 5 (7/9) M Perlmuster, 1 M li, 4 M re, 1 M li, 1. Reihe von Musterstreifen A, 1 M li, 4 M re, 1 M li, 1. R von Musterstreifen B, 1 M li, 4 M re, 1 M li, 9. R von Musterstreifen A, 1 M li, 4 M re, 1 M li, 5 (7/9) M Perlmuster.
2. Reihe: 5 (7/9) M Perlmuster, 1 M re, 4 M li, 1 M re, 10. R von Musterstreifen A, 1 M re, 4 M li, 1 M re, 2. R von Musterstreifen B, 1 M re, 4 M li, 1 M re, 2. R von Musterstreifen A, 1 M re, 4 M li, 1 M re, 5 (7/9) M Perlmuster.
3. Reihe: 5 (7/9) M Perlmuster, 1 M li, Z4V, 1 M li, 3. R von Musterstreifen A, 1 M li, Z4V, 1 M li, 3. R von Musterstreifen B, 1 M li, Z4V, 1 M li, 11. R von Musterstreifen A, 1 M li, Z4V, 1 M li, 5 (7/9) M Perlmuster.
4. Reihe: 5 (7/9) M Perlmuster, 1 M re, 4 M li, 1 M re, 12. R von Musterstreifen A, 1 M re, 4 M li, 1 M re, 4. R von Musterstreifen B, 1 M re, 4 M li, 1 M re, 4. R von Musterstreifen A, 1 M re, 4 M li, 1 M re, 5 (7/9) M Perlmuster.
Diese 4 Reihen bilden das Zopfmuster und legen die Position der Musterstreifen fest. Stricken Sie in dieser Einteilung weiter und nehmen Sie beidseitig in der nächsten R und dann in jeder folgenden 5. (5./6.) R 1 M zu, bis Sie 75 (81/87) M auf der Nadel haben. Die Zunahme-M werden im Perlmuster gestrickt. Stricken Sie weiter, bis der Ärmel 21 (23/26) cm lang ist. Die letzte R ist eine Rück-R. Ketten Sie die M ab.

Kragen

Schließen Sie die Schulternähte.
Nehmen Sie die M von der Sicherheitsnadel des re Vorderteils auf eine Nadel Nr. 3¼, nehmen Sie aus der Ausschnittschrägung 43 (46/49) M auf und stricken Sie sie re. Die M des Halsausschnittes werden wie folgt gestrickt:
2 (3/4) M re, [Z 1, 3 M re] 12-mal, Z 1, 2 (3/4) M re. Nehmen Sie aus der linken Ausschnittschrägung 43 (46/49) M auf und stricken Sie sie re; 3 M re, 5 M Perlmuster [155 (163/171) M]. Stricken Sie 1 R Perlmuster.
Nächste 2 R: Perlmuster bis zu den letzten 48 (51/54) M, wenden.
Nächste 2 R: Perlmuster bis zu den letzten 45 (48/51) M, wenden.
Nächste 2 R: Perlmuster bis zu den letzten 42 (45/48) M, wenden.
Stricken Sie auf diese Weise weiter und erweitern Sie das Perlmuster am Ende der nächsten 20 (22/24) R jeweils um 3 M, Perlmuster bis zum Ende der R. Ketten Sie 6 M am Anfang der nächsten 2 R ab. Wechseln Sie zu Rundstricknadeln Nr. 3¼ und stricken Sie in Hin- und Rückreihen wie folgt:
Schlagen Sie am Anfang der nächsten 2 R 86 M an [315 (323/331) M]. Nehmen Sie beidseitig in den nächsten 15 R 1 M ab. Ketten Sie die M im Perlmuster ab.

Fertigstellung

Setzen Sie die Ärmel ein; die Ärmelmitte liegt auf der Schulternaht. Schließen Sie Seiten- und Schulternähte. Nähen Sie die Knöpfe an.

Aran-Cardigan mit Schalkragen zum Binden

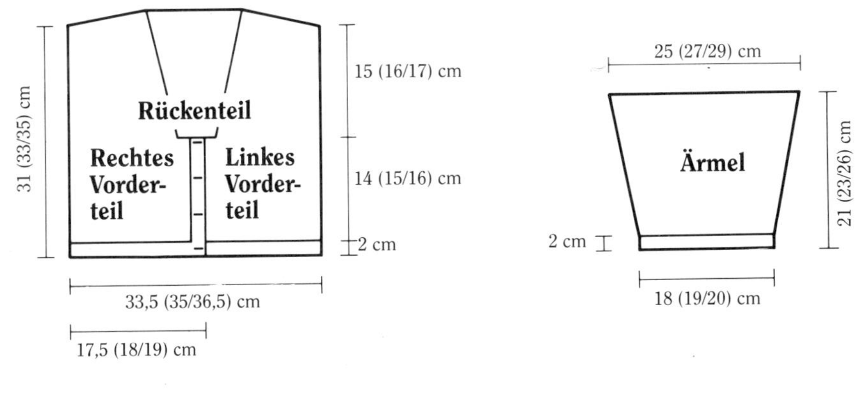

Strampelanzug mit Baskenmütze Seite 36

Material

Strampelanzug: 4 x 50 g Rowan Designer DK Wool (Sportwolle) in Rot (A)
2 x 50 g in Marineblau (B)
Je 1 Knäuel in Grün und Gelb
Stricknadeln Nr. 3¼ und 4
1 Reißverschluss, 25 cm lang
Baskenmütze: 2 x 50 Rowan Designer DK Wool (Sportwolle) in der gewünschten Farbe
Stricknadeln Nr. 3¼ und 4

Maße

Alter	3–6	Monate
Weite des Strampelanzugs	58	cm
Länge	49	cm
Ärmellänge (innen)	17	cm
Beinlänge (innen)	15	cm

Maschenprobe

Mit Nadeln Nr. 4 im Muster gestrickt, ergeben 24 M und 28 R = 10 x 10 cm.

Abkürzungen

Siehe Seite 44.

Anmerkung

Stricken Sie das Zählmuster in Hinreihen (re M) von re nach li und in Rückreihen (li M) von li nach re. Verwenden Sie beim Zählmuster für jede Farbe ein eigenes kleines Knäuel und verkreuzen Sie die Fäden auf der Rückseite, um Löcher zu vermeiden.

Strampelanzug

Linkes Bein

48 M in B mit Nadeln Nr. 3¼ anschlagen. 11 R im Rippenmuster, 1 M re, 1 M li, stricken.
Zunahme-Reihe: 7 M Rippenmuster, [Z 1, 5 M Rippenmuster] bis zur letzten M, 1 M Rippenmuster [56 M].
Wechseln Sie zu Nadeln Nr. 4. Beginnen Sie mit einer R re und stricken Sie nach dem Zählmuster. Nehmen Sie in der 3. R und jeder folgenden 2. R beidseitig 1 M zu, bis Sie 82 M auf der Nadel haben. Integrieren Sie die zugenommenen M in das Zählmuster. Stricken Sie im Muster noch 7 R.

Zwickel
Ketten Sie am Anfang der nächsten 2 R 3 M ab. Stricken Sie im Muster weiter und nehmen Sie beidseitig in der nächsten R und zweimal in jeder 2. R 1 M ab [70 M].
Stricken Sie 1 R im Muster.** Legen Sie die M auf einer Hilfsnadel still.

Rechtes Bein

Wird wie das linke Bein bis ** gearbeitet.

Hauptteil

Nächste Reihe: Stricken Sie im Muster über die M des re Beins, dann über die M des li Beins. Stricken Sie die letzte M doppelt ab [141 M].
Stricken Sie im Muster 7 R.
Nächste Reihe: In A stricken Sie 4 M re und dann im Muster bis zu den letzten 4 M, die Sie re in A stricken.
Wdh Sie diese R, bis Ihre Arbeit ab Anschlag 35 cm lang ist; die letzte R ist eine Hinreihe.

Armausschnitt
Nächste Reihe: 4 M re in A, 31 M Muster, ketten Sie 1 M ab, Muster bis zu den letzten 36 M, ketten Sie 1 M ab, Muster bis zu den letzten 4 M, 4 M re in A.
Nächste Reihe: 4 M re in A, 31 M Muster, wenden.
Beenden Sie zunächst diesen Teil der Arbeit. Stricken Sie für das re Vorderteil 10 cm; die letzte R ist eine Rück-R.

Halsausschnitt
Nächste Reihe: 4 M re in A, 4 M Muster. Diese 8 M legen Sie auf einer Sicherheitsnadel still und beenden die R im Muster.
Nehmen Sie an der Halsseite 1 M in jeder R ab, bis 22 M übrig sind. Stricken Sie weiter, bis die Arbeit ab Anschlag 49 cm lang ist. Die letzte R ist eine Hin-R.

Schulterabnahme
Ketten Sie 11 M am Anfang der nächsten R ab. Stricken Sie 1 R im Muster. Ketten Sie die übrigen 11 M ab.
Setzen Sie die Arbeit auf der Vorderseite fort und stricken im 69 M im Muster. Wenden Sie die Arbeit. Stricken Sie nun für den Rücken geradeaus hoch, bis die Arbeit ab Anschlag 49 cm lang ist; die letzte R ist eine Rück-R.

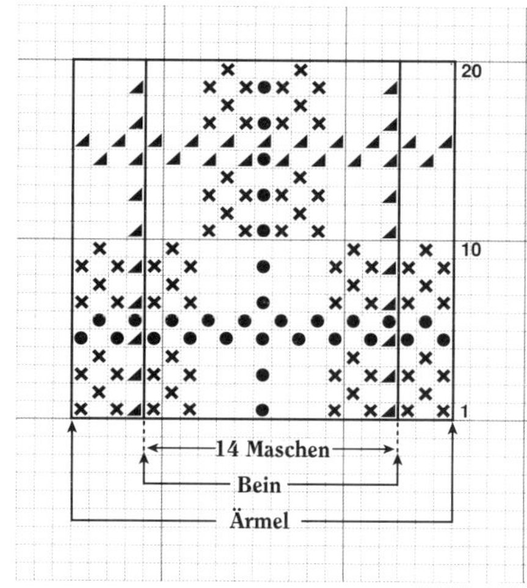

Farbschlüssel

- ☐ Rot (A)
- ☒ Marineblau (B)
- ◢ Grün
- ● Gelb

Schulterabnahme
Ketten Sie 11 M am Beginn der nächsten 4 R ab. Legen Sie die verbleibenden 25 M auf einer Hilfsnadel still.
Beginnen Sie wieder auf der Vorderseite und stricken Sie im Muster bis zu den letzten 4 M, die re in A gestrickt werden. Beenden Sie dieses Teil gegengleich zum re Vorderteil.

Ärmel

40 M in B mit Nadeln Nr. 3¼ anschlagen. Stricken Sie 11 R im Rippenmuster, 1 M re, 1 M li.
Zunahme-Reihe: 4 M Rippenmuster, [Z 1, 4 M Rippenmuster] bis zum Ende der R [49 M].
Wechseln Sie zu Nadeln Nr. 4. Beginnen Sie mit einer R re und stricken Sie glatt re nach dem Zählmuster. Nehmen Sie beidseitig 1 M in jeder 3. R zu, bis Sie 69 M auf der Nadel haben. Integrieren Sie die Zunahme-M in das im

Strampelanzug

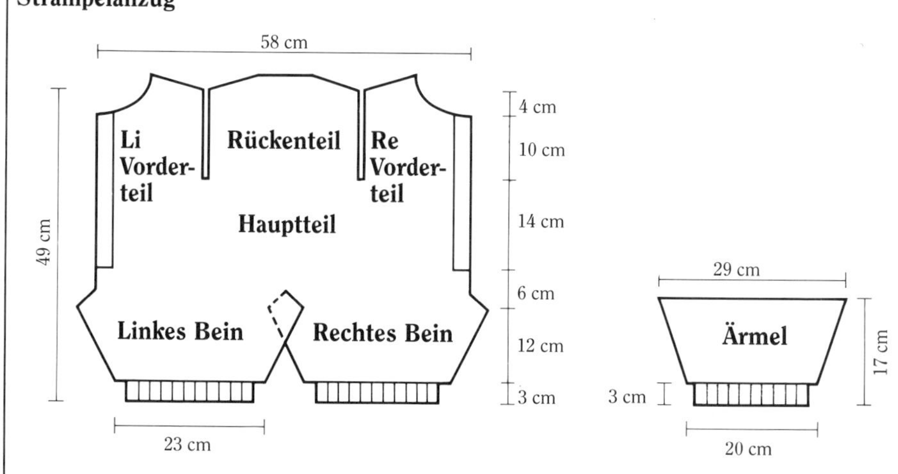

Diagramm gezeigte Muster. Stricken Sie weiter, bis der Ärmel 17 cm lang ist. Ketten Sie die M ab.

Kragen
Schließen Sie die Schulternähte.
Nehmen Sie die 8 M von der Sicherheitsnadel des re Vorderteils auf eine Nadel Nr. 3¼.
Nehmen Sie in B aus dem Halsausschnitt 18 M auf und stricken sie re. Die M des Rückenteils werden ebenfalls re gestrickt. Nehmen Sie nun aus dem li Halsausschnitt 18 M auf und stricken sie re [77 M]. Stricken Sie 3 R re M.
Zunahme-Reihe: 4 M re, [Z 1, 7 M re] 10-mal, Z 1, 3 M re [88 M].
5 R re M.
Zunahme-Reihe: 4 M re, [Z 1, 8 M re] 10-mal, Z 1, 4 M re [99 M].
Stricken Sie 6 R.
***Nächste Reihe:** 9 M re, wenden.
Stricken Sie nur diese 9 M.
Nächste Reihe: 2 M re zusstr, re bis zu den letzten 2 M, 2 M re verschr. zusstr.
Stricken Sie 1 R. Wdh Sie diese beiden R zweimal.
Nächste Reihe: Heben Sie 1 M ab, 2 M re zusstr, ziehen Sie die abgehobene M über die zusammengestrickten und beenden Sie die R. Setzen Sie die Arbeit auf der Vorderseite fort und wdh Sie ab *, bis alle M aufgebraucht sind.

Fertigstellung
Schließen Sie Beinnähte und Zwickel, dann die vordere Naht bis zu den krausen R. Setzen Sie die Ärmel ein; die Ärmelmitte liegt auf der Schulternaht.
Schließen Sie die Armnähte und nähen Sie den Reißverschluss ein.

Baskenmütze
73 M mit Nadeln Nr. 3¼ in der gewünschten Farbe anschlagen.
Stricken Sie 9 R re M.
Wechseln Sie zu Nadeln Nr. 4.
Zunahme-Reihe: 1 M re, [Z 1, 3 M re] bis zum Ende der R [97 M].
3 R kraus re.
Zunahme-Reihe: 1 M re, [Z 1, 6 M re] bis zum Ende der R [113 M].
3 R kraus re.
Zunahme-Reihe: 1 M re, [Z 1, 7 M re] bis zum Ende der R [129 M].
3 R kraus re.
Zunahme-Reihe: 1 M re, [Z 1, 8 M re] bis zum Ende der R [145 M].
Auf diese Weise weiterstricken und 3-mal in den folgenden 4. R 16 M zunehmen [193 M].
14 R kraus re.
Abnahme-Reihe: [10 M re, 2 M re zusstr] bis zur letzten M, 1 M re.
3 R kraus re.
Abnahme-Reihe: [9 M re, 2 M re zusstr] bis zur letzten M, 1 M re.
3 R kraus re.
Abnahme-Reihe: [8 M re, 2 M re zusstr] bis zur letzten M, 1 M re.
Stricken Sie auf diese Weise weiter und nehmen Sie in den folgenden 4. R 16 M ab, bis 33 M übrig bleiben. 1 R re.
Abnahme-Reihe: [2 M re zusstr] bis zur letzten M, 1 M re.
Schneiden Sie den Faden ab und ziehen sie ihn durch die verbleibenden M. Ziehen Sie die M zusammen und vernähen Sie den Faden.
Schließen Sie die Naht.

Norweger-Cardigan mit Baskenmütze Seite 37

Material
Cardigan: 4 (5/5) 25-g-Stränge Rowan Lightweight DK (dünnes Merinogarn) in Rot (A)
3 (3/4) Stränge in hellem Pink (B)
2 (2/2) Stränge in Türkis
1 (2/2) Stränge in Grün
Je 1 Strang in Gelb und dunklem Pink
Stricknadeln Nr. 2¾ und 3¼
6 Knöpfe
Baskenmütze: Je 2 25-g-Stränge Rowan Lightweight DK in Rot (A) und hellem Pink (B)
Je 1 Strang in Türkis (C), Grün (D), Gelb (E) und dunklem Pink (F)
Stricknadeln Nr. 2¾ und 3¼

Maße

Alter	6	9	12	Monate
Weite des Cardigans	61	69	77	cm
Länge	25	28	32	cm
Äremellänge (innen)	17	19	23	cm

Maschenprobe
Mit Nadeln Nr. 3¼ im Muster gestrickt, ergeben 30 M und 34 R = 10 x 10 cm.

Abkürzungen
ARZ = 1 M abheben, 1 M re und die abgehobene über die gestrickte ziehen.
Siehe auch Seite 44.

Anmerkung
Stricken Sie das Zählmuster in Hinreihen (re M) von re nach li und in Rückreihen (li M) von li nach re. Wenn Sie nach dem Zählmuster arbeiten, führen Sie den nicht benötigten Faden locker hinter der Arbeit mit, um das Strickstück elastisch zu halten.

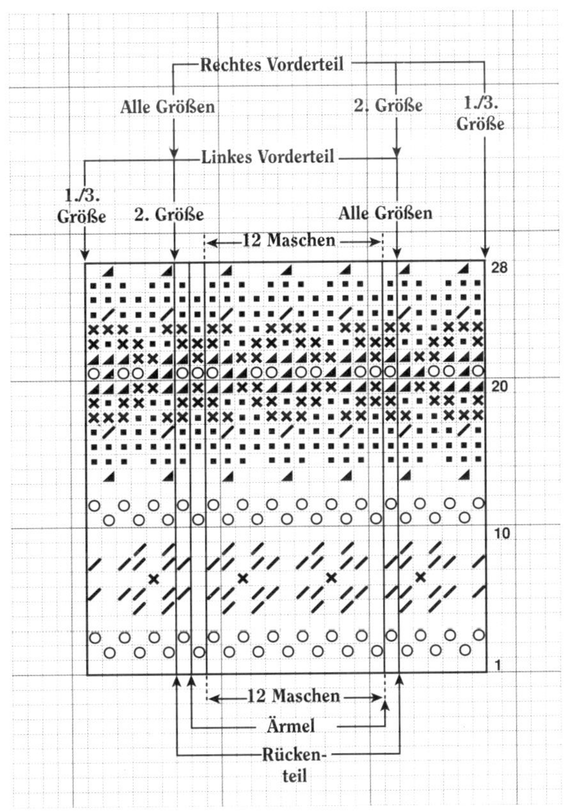

Farbschlüssel
- Rot (A)
- Helles Pink (B)
- Türkis (C)
- Grün (D)
- Gelb (E)
- Dunkles Pink (F)

Cardigan

Rückenteil
79 (88/99) M in A mit Nadeln Nr. 2¾ anschlagen.
1. Reihe (Hinreihe): 1 M re, [1 M li, 1 M re] bis zum Ende der R.
2. Reihe: 1 M li, [1 M re, 1 M li] bis zum Ende der Reihe.
Wechseln Sie zu B und stricken Sie 5 R im Rippenmuster.
Zunahme-Reihe: 7 (8/5) M Rippen, nächste M doppelt stricken, [8 (7/7) M Rippen, nächste M doppelt] bis zu den letzten 8 (8/5) M, 8 (8/5) M Rippen [87 (99/111) M].
Wechseln Sie zu Nadeln Nr. 3¼. Beginnen Sie mit einer Hinreihe und stricken Sie glatt re nach dem Zählmuster, bis das Rückenteil 25 (28/32) cm lang ist. Die letzte R ist eine Rückreihe.
Schulterabnahme
Ketten Sie 12 (14/16) M am Anfang der nächsten 2 R ab und 13 (15/17) M am Beginn der darauf folgenden 2 R. Legen Sie die verbleibenden 37 (41/45) M auf einer Sicherheitsnadel still.

Linkes Vorderteil
39 (45/49) M in A mit Nadeln Nr. 2¾ anschlagen. Stricken Sie 2 R im Rippenmuster wie

beim Bund des Rückenteils. Wechseln Sie zu B und stricken Sie weitere 5 R Rippenmuster.
Zunahme-Reihe: 4 (4/3) M Rippenmuster, nächste M doppelt abstricken, [5 (6/5) M Rippenmuster, nächste M doppelt abstricken] bis zu den letzten 4 (5/3) M, 4 (5/3) M Rippenmuster [45 (51/57) M].
Wechseln Sie zu Nadeln Nr. 3¼. Beginnen Sie mit einer Hinreihe und stricken Sie glatt re im Zählmuster, bis das Vorderteil 21 (23/26) cm lang ist. Die letzte R ist eine Hin-R.

Halsausschnitt
Stricken Sie im Zählmuster weiter. Ketten Sie 7 M am Anfang der nächsten R ab und 4 M am Beginn der folgenden 2. R. Nehmen Sie an der Halsseite 1 M in jeder R ab, bis 25 (29/33) M übrig sind. Stricken Sie bis zur Schulterabnahme geradeaus hoch. Die letzte R ist eine Rück-R.

Schulterabnahme
Ketten Sie 12 (14/16) M am Beginn der nächsten R ab. Stricken Sie 1 R. Ketten Sie die verbleibenden 13 (15/17) M ab.

Rechtes Vorderteil
Wird gegengleich zum linken gestrickt.

Ärmel
49 (51/53) M in A mit Nadeln Nr. 2¾ anschlagen. Stricken Sie 2 R im Rippenmuster wie beim Bund des Rückenteils. Wechseln Sie zu B und stricken Sie weitere 9 R.
Zunahme-Reihe: 2 (3/5) M Rippenmuster, nächste M doppelt stricken, [3 (4/5) M Rippenmuster, nächste M doppelt stricken] bis zu den letzten 2 (2/5) M, 2 (2/5) M Rippenmuster [61 M].
Wechseln Sie zu Nadeln Nr. 3¼. Beginnen Sie mit einer Hin-R und stricken Sie glatt re nach dem Zählmuster. Nehmen Sie beidseitig in jeder 3. R 1 M zu, bis Sie 83 (89/95) M auf der Nadel haben. Stricken Sie weiter, bis der Ärmel 17 (19/23) cm lang ist. Die letzte R ist eine Rück-R.
Ketten Sie die M ab.

Halsblende
Schließen Sie die Schulternähte.
Nehmen Sie in B mit Nadeln Nr. 2¾ aus dem linken Halsausschnitt 25 (29/33) M auf und stricken sie re. Stricken Sie die stillgelegten M des Rückenteils ebenfalls re und nehmen Sie gleichmäßig verteilt 4 M ab. Aus dem linken Halsausschnitt nehmen Sie ebenfalls 25 (29/33) M auf und stricken sie re [83 (95/107) M]. Beginnen Sie mit einer 2. R und stricken Sie 6 R im Rippenmuster, wie beim Bund des Rückenteils. Wechseln Sie zu A und stricken Sie weitere 2 R. Ketten Sie die M im Rippenmuster ab.

Knopflochblende
Nehmen Sie von vorn mit Nadeln Nr. 2¾ in B 63 (69/75) M aus der rechten Vorderteilkante auf und übergehen Sie die ersten und letzten 2 R des Rippenbundes. Beginnen Sie mit einer 1. R und stricken Sie 2 R im Rippenmuster, wie beim Bund des Rückenteils.
1. Knopflochreihe: 2 (2/3) M Rippenmuster, 2 M zusstr, wickeln Sie den Faden zweimal um die Nadel, 2 M zusstr, [7 (8/9) M Rippenmuster, 2 M zusstr, wickeln Sie den Faden zweimal um die Nadel, 2 M zusstr] 5-mal, 2 (3/3) M Rippenmuster.
2. Knopflochreihe: Rippenmuster bis zum Ende der Reihe. Stricken Sie die „Schlaufen" ebenfalls im Rippenmuster.
2 R Rippenmuster. Wechseln Sie zu A und stricken Sie weitere 2 R Rippenmuster. Ketten Sie die M im Rippenmuster ab.
Sie nehmen von vorn mit Nadeln Nr. 2¾ in A an der Oberkante der Blende 7 M auf und stricken sie re. Stricken Sie nun die 2., dann die 1. R des Rippenmusters. Ketten Sie die M im Rippenmuster ab. Verfahren Sie mit dem anderen Ende der Blende genauso.

Knopfblende
Wird wie die Knopflochblende gearbeitet, aber ohne Knopflöcher.

Fertigstellung
Setzen Sie die Ärmel ein; die Ärmelmitte liegt auf der Schulternaht. Schließen Sie Seiten- und Ärmelnähte. Nähen Sie den Abschluss der Blenden an die Halsblende bzw. den Bund. Nähen Sie die Knöpfe an.

Baskenmütze
104 M in A mit Nadeln Nr. 2¾ anschlagen. Stricken Sie 2 R im Rippenmuster, 1 M re, 1 M li.
Wechseln Sie zu B und stricken Sie 7 R.
Zunahme-Reihe: 2 M Rippenmuster, [Z 1, 2 M Rippenmuster, Z 1, 3 M Rippenmuster] 20-mal, Z 1, 2 M Rippenmuster [145 M].
Wechseln Sie zu Nadeln Nr. 3¼. Beginnen Sie mit einer Hin-R und stricken Sie im Zählmuster (Ärmel) die 1. bis 3. R glatt re.
Zunahme-Reihe: In A [6 M li, Z 1] bis zur letzten M, 1 M li [169 M].
Stricken Sie die 5. bis 9. R des Zählmusters.
Zunahme-Reihe: In A [7 M li, Z1] bis zur letzten M, 1 M li [193 M].
Stricken Sie die 11. und 12. R des Zählmusters.
Zunahme-Reihe: In A 1 M re, [Z1, 8 M re] bis zum Ende der R [217 M]. Stricken Sie die 14. bis 28. R des Zählmusters, danach die 1. bis 3. R.
Abnahme-Reihe: In A [7 M li, 2 M li verschr. zusstr] bis zur letzten M, 1 M li [193 M].
Stricken Sie die 5. bis 9. Reihe des Zählmusters.
Abnahme-Reihe: In A [6 M li, 2 M li verschr. zusstr] bis zur letzten M, 1 M li [169 M].
Stricken Sie die 11. und 12. Reihe des Zählmusters.
Abnahme-Reihe: In A 1 M re, [ARZ, 5 M re] bis zum Ende der R [145 M].
Stricken Sie die 14. und 15. Reihe des Zählmusters.
Abnahme-Reihe: Mit B 2 M li verschr. zusstr, 9 M li, [3 M li verschr. zusstr, 9 M li] bis zu den letzten 2 M, 2 M li verschr. zusstr [121 M].
Nächste Reihe (re): 1 B, *1 D, [3 B, 1 D] zweimal, 1 B; wdh ab * bis zum Ende der R.
Nächste Reihe (li): 1 B, [1 C, 2 B, 3 C, 2 B, 1 C, 1 B] bis zum Ende der R.
Nächste Reihe (re): 1 C, [2 B, 2 C, 1 B, 2 C, 2 B, 1 C] bis zum Ende der R.
Nächste Reihe (li): 1 C, [1 F, 2 C, 3 F, 2 C, 1 F, 1 C] bis zum Ende der R.
Abnahme-Reihe (re): 1 E, [2 F, 1 E, in F 3 M re zusstr, 1 E, 2 F, 1 E] bis zum Ende [97 M].
Nächste Reihe (li): 1 C, *1 F, [2 C, 1 F] zweimal, 1 C; wdh ab * bis zum Ende der R.
Nächste Reihe (re): 1 C, [2 B, 1 C, 1 B, 1 C, 2 B, 1 C] bis zum Ende der R.
Nächste Reihe (li): 1 B, *1 C, [2 B, 1 C] zweimal, 1 B; wdh ab * bis zum Ende der R.
Nächste Reihe (re): 1 B, *1 D, [2 B, 1 D] zweimal, 1 B; wdh ab * bis zum Ende der R.
Abnahme-Reihe: In B 2 M li, [2 M li zusstr, 1 M li, 2 M li zusstr, 3 M li] bis zu den letzten 7 M, [2 M li zusstr, 1 M li] zweimal, 1 M li [73 M].
Nächste Reihe (re): 1 A, [1 B, 1 A] bis zum Ende der R.
Nächste Reihe (li): 1 A, [1 F, 1 A] bis zum Ende der R.
Abnahme-Reihe: In A 1 M re, [2 M re zusstr, 1 M re] bis zum Ende der R [49 M].
Nächste Reihe (li): 1 A, [1 E, 1 A] bis zum Ende der R.
Nächste Reihe (re): 1 E, [1 A, 1 E] bis zum Ende der R.
Abnahme-Reihe: In A 1 M li, [2 M li zusstr, 1 M li] bis zum Ende der R [33 M].
Abnahme-Reihe: In A 1 M re, [2 M re zusstr] bis zum Ende der R [17 M].
Abnahme-Reihe: In A 1 M li, [2 M li zusstr] bis zum Ende der R [9 M].
Schneiden Sie den Faden ab und ziehen Sie ihn durch die verbleibenden 9 M. Ziehen Sie die M zusammen und vernähen Sie den Faden. Schließen Sie die Naht.

Norweger-Cardigan mit Baskenmütze

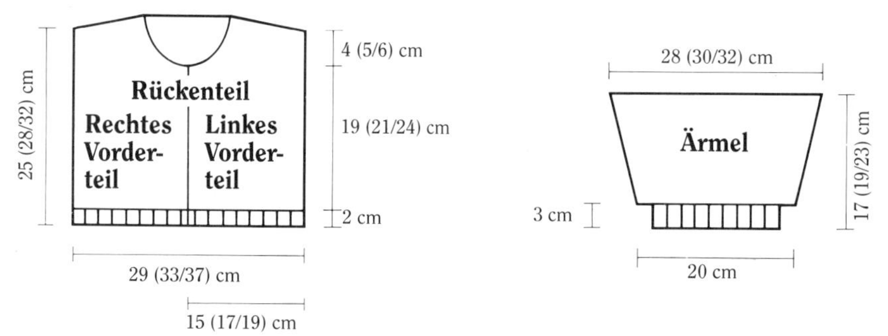

Tulpenjacke und Schuhe Seite 39 und 40

Material

Jacke: 3 x 50 g Rowan Cotton Glace (dünneres Baumwollgarn, matt glänzend) in Ecru (A)
2 x 50 g in Hellblau (B)
Je ein Knäuel in Dunkelblau (C), Hellgrün, Rot, Dunkelgrün und Pink
Stricknadeln Nr. 3¼
Häkelnadel
5 Knöpfe
Schuhe: 1 x 50 g Rowan Cotton Glace in Hellblau (A)
etwas Garn in Dunkelblau (B) und Ecru (C)
Stricknadeln Nr. 3
Häkelnadel
2 Knöpfe

Maße

Alter	12–18	Monate
Jacken-Weite	64	cm
Länge	28	cm
Ärmellänge (innen)	16	cm

Maschenprobe

Mit Nadeln Nr. 3¼ im Karomuster gestrickt, ergeben 27 M und 30 R = 10 x 10 cm.

Abkürzungen

fM = feste Masche.
Siehe auch Seite 44.

Anmerkung

Stricken Sie das Zählmuster in Hinreihen (re M) von re nach li und in Rückreihen (li M) von li nach re. Wenn Sie nach dem Zählmuster arbeiten, führen Sie den nicht benötigten Faden locker auf der Rückseite mit, um das Strickstück elastisch zu halten. Benützen Sie für jede Kontrastfarbe ein eigenens kleines Knäuel. Verkreuzen Sie die Fäden auf der Rückseite, um Löcher zu vermeiden.

Jacke

Rücken- und Vorderteil

Wird bis zum Armausschnitt in einem Stück gearbeitet.
169 M in A mit Nadeln Nr. 3¼ anschlagen. Beginnen Sie mit einer Hinreihe und stricken Sie glatt re nach Zählmuster 1, bis 7 R des Zählmusters gestrickt sind. In A stricken Sie dann 1 R li und nehmen gleichmäßig verteilt 3 M zu [172 M].
Stricken Sie das Karomuster wie folgt:
1. Reihe (Hinreihe): In B 3 M re, [2 C, 2 B] bis zur letzten M, 1 B.
2. Reihe: In B 3 M li, [2 C, 2 B] bis zur letzten M, 1 B.
3. Reihe: In A 3 M re, [2 B, 2 A] bis zur letzten M, 1 A.
4. Reihe: In A 3 M li, [2 B, 2 A] bis zur letzten M, 1 A.
Diese 4 R bilden das Karomuster. Stricken Sie weitere 14 R im Karomuster.
Stricken Sie dann 24 R von Zählmuster 2.

Armausschnitt

Nächste Reihe: In A 42 M re, nächste M doppelt stricken, wenden.
Beenden Sie zunächst das re Vorderteil. In A stricken Sie 1 R li. Arbeiten Sie im Karomuster weiter und nehmen Sie am Anfang der 1. R und jeder folgenden 2. R 1 M ab, bis 29 M übrig sind. Stricken Sie weiter, bis das Vorderteil 27 cm lang ist. Die letzte R ist eine Hin-R.

Schulterabnahme

Ketten Sie 10 M am Anfang der nächsten R und der folgenden 2. R ab. Stricken Sie 1 R im Muster. Ketten Sie die verbleibenden 9 M ab.
Setzen Sie in A die Arbeit in einer Hinreihe fort und stricken Sie die nächste M doppelt, 84 M re, stricken Sie die nächste M doppelt und wenden Sie die Arbeit [88 M]. Beenden Sie nun das Rückenteil. Stricken Sie 1 R li in A.
Stricken Sie im Karomuster bis zur Schulterabnahme weiter. Die letzte R ist eine Rück-R.

Schulterabnahme

Ketten Sie 10 M am Anfang der nächsten 4 R ab und 9 M am Anfang der darauf folgenden 2 R. Ketten Sie die verbleibenden 30 M ab.
Stricken Sie in einer Hinreihe in A über das li Vorderteil; stricken Sie die 1. M doppelt.
Beenden Sie das li Vorderteil gegengleich zum rechten.

Ärmel

49 M in A mit Nadeln Nr. 3¼ anschlagen.
Beginnen Sie mit einer Hinreihe und stricken Sie glatt re nach Zählmuster 1, bis 7 R des Zählmusters gestrickt sind.
Nächste Reihe: In A stricken Sie die erste M doppelt li ab, [23 M li, nächste M doppelt li] zweimal [52 M].
Stricken Sie nun im Karomuster weiter und nehmen Sie folgendermaßen zu:
5-mal beidseitig in jeder 3. R; dann in jeder 4. R, bis 68 M auf der Nadel sind. Die Zunahme-M werden in das Karomuster integriert.
Stricken Sie weiter, bis der Ärmel 15 cm lang ist. Die letzte R ist ein Rück-R. Ketten Sie die M ab.

Fertigstellung

Schließen Sie die Schulternähte. Setzen Sie die Ärmel ein; die Ärmelmitte liegt auf der Schulternaht. Schließen Sie die Ärmelnähte.
Beginnen Sie an der Anschlagseite des re Vorderteils und umhäkeln Sie die re Vorderteilkante, den rückwärtigen Halsausschnitt und die li Vorderteilkante mit fM.
Beginnen Sie nun in der Mitte des Rückenteils und umhäkeln Sie die Anschlagseite mit fM, ebenso die re Vorderseite. Arbeiten Sie in die Ecke 3 fM, [1 fM in die nächste fM] an der geraden Seite des re Vorderteils. Arbeiten Sie 5 Knopflöcher in die gerade Kante der re Vorderseite: Häkeln Sie 2 Luft-M, übergehen Sie 2 fM, [1 fM in die nächste fM] bis zur Schulter, über den rückwärtigen Halsausschnitt und die li Vorderteilkante. Arbeiten Sie in die Eckmasche wieder 3 fM. Arbeiten Sie ebenfalls fM in die Anschlagkante der li Vorderseite und des Rückenteils, schließen Sie die Runde mit einer Kettmasche. Wenden Sie die Arbeit nicht und häkeln Sie eine Runde Krebsmaschen.
Umhäkeln Sie nach dem gleichen Verfahren die Anschlagseite der Ärmel in B.
Nähen Sie die Knöpfe an.

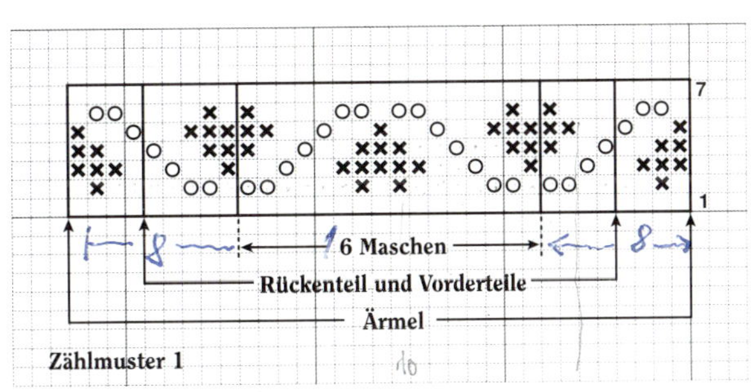

Farbschlüssel

- ☐ Ecru
- O Hellgrün
- ✖ Rot
- ◢ Dunkelgrün
- ● Pink

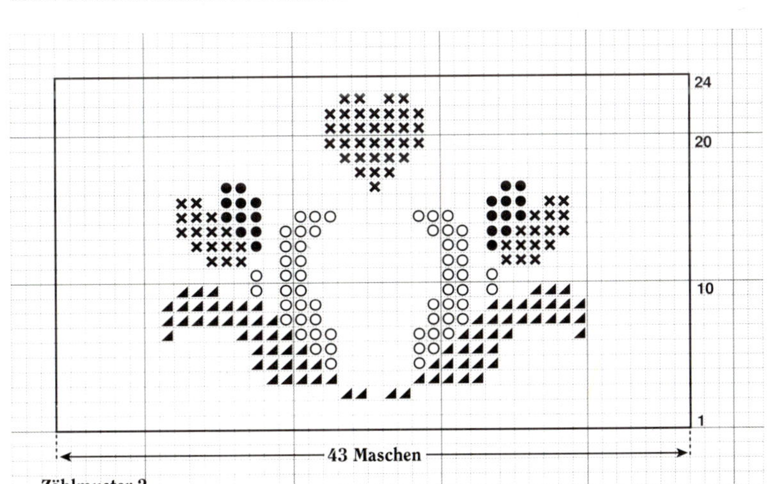

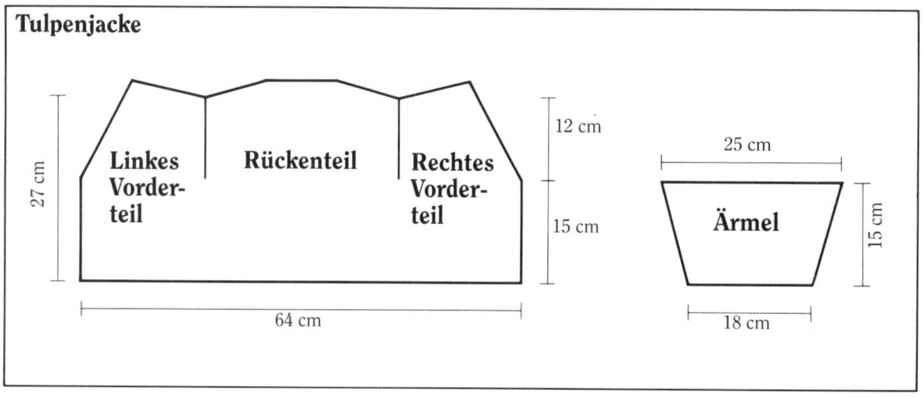

Schuhe

Linker Schuh

36 M in A mit Nadeln Nr. 3 anschlagen. 1 R re.
1. Reihe (Rückreihe): 1 M re, 1 U, 16 M re, [1 U, 1 M re] 2-mal, 1 U, 16 M re, 1 U, 1 M re.
2. und die 4 folgenden 2. Reihen: Re bis zum Ende der R. Stricken Sie den U der Vorreihe re verschr. ab.
3. Reihe: 2 M re, 1 U, 16 M re, 1 U, 3 M re, 1 U, 2 M re, 1 U, 16 M re, 1 U, 2 M re.
5. Reihe: 3 M re, 1 U, 16 M re, [1 U, 4 M re] zweimal, 1 U, 16 M re, 1 U, 3 M re.
7. Reihe: 4 M re, 1 U, 16 M re, 1 U, 6 M re, 1 U, 5 M re, 1 U, 16 M re, 1 U, 4 M re.
9. Reihe: 5 M re, 1 U, 16 M re, [1 U, 7 M re] zweimal, 1 U, 16 M re, 1 U, 5 M re.
11. Reihe: 22 M re, 1 U, 9 M re, 1 U, 8 M re, 1 U, 22 M re, [64 M].
12. Reihe: wie 2. R.
Stricken Sie 9 R re.
Rist
Nächste Reihe: 36 M re, 2 M re zusstr, wenden.
Nächste Reihe (li): 1 M abh, [2 B, 2 A] zweimal, in A 2 M zusstr, wenden.
Nächste Reihe (re): 1 M abh, [2 A, 2 B] zweimal, in A 2 M zusstr, wenden.
Nächste Reihe (li): 1 M abh, [2 A, 2 C] zweimal, in A 2 M zusstr, wenden.
Nächste Reihe (re): 1 M abh, [2 C, 2 A] zweimal, in A 2 M zusstr, wenden.
Wdh Sie die letzten 4 R dreimal.
Nächste Reihe (li): 1 M abh, [2 B, 2 A] zweimal, in A 2 M zusstr, wenden.
Nächste Reihe (re): 1 M abh, [2 A, 2 B] zweimal, in A die R beenden.
Beenden Sie den Schuh in A.
Nächste Reihe: 17 M re, 2 M re zusstr, 8 M li, 2 M re zusstr, 17 M re [44 M].
Nächste Reihe: 24 M re, wenden.
Nächste Reihe: 4 M li, wenden.
Nächste Reihe: 4 M re, wenden.
Stricken Sie über diese 4 M glatt re 6 cm hoch (= Vorderriemchen). Ketten Sie die M ab.
Nehmen Sie auf der Vorderseite des Riemchens, unten an der Seitenkante beginnend, 12 M auf und stricken Sie sie re ab. Wenden Sie die Arbeit und ketten Sie die M re ab.
Fangen Sie jetzt oben an der Seitenkante des Riemchens an, nehmen Sie ebenfalls 12 M auf und stricken sie re, danach stricken Sie die übrigen 20 M ebenfalls re. Ketten Sie die M re ab.
Schließen Sie Sohlen- und rückwärtige Naht. Nehmen Sie von vorn mit Nadeln Nr. 3 in A, jeweils 9 M von der rückwärtigen Naht entfernt, 18 M für das Fesselriemchen auf. Stricken Sie die M re ab. **
Nächste Reihe: Schlagen Sie 4 M an, stricken Sie re bis zum Ende der R, wenden Sie die Arbeit und schlagen Sie weitere 22 M an [44 M].
Stricken Sie 3 R re M. Ketten Sie die M re ab.
Häkeln Sie eine Knopflochschlaufe an das lange Ende des Fesselriemchens. Nähen Sie den Knopf an der anderen Seite fest. Legen Sie das vordere Riemchen um das Fesselriemchen und nähen Sie die abgekettete Seite fest.

Rechter Schuh

Wird bis ** wie der linke Schuh gestrickt.
Nächste Reihe: Schlagen Sie 22 M an, stricken Sie re bis zum Ende der R, wenden Sie die Arbeit und schlagen Sie weitere 4 M an [44 M].
Beenden Sie die Arbeit, wie beim linken Schuh beschrieben.

Pullover in strahlendem Weiß Seite 41

Material

8 (9/10/11) x 50 g Rowan Cotton Glace (dünneres Baumwollgarn, matt glänzend)
Stricknadeln Nr. 2¾ und 3¼
Häkelnadel
7 Knöpfe

Maße

Alter	3	4	5	6	Jahre
Pullover-Weite	79	84	90	94	cm
Länge	46	50	54	58	cm
Ärmellänge (innen)	28	31	34	37	cm

Maschenprobe

Mit Nadeln Nr. 3¼ und glatt re gestrickt, ergeben 26 M und 34 R = 10 x 10 cm.

Abkürzungen

Siehe Seite 44.

Rückenteil

128 (134/142/148) M mit Nadeln Nr. 2¾ anschlagen. Stricken Sie 5 R kraus re. Wechseln Sie zu Nadeln Nr. 3¼.
Zunahme-Reihe (Hinreihe): 19 (20/22/23) M re, stricken Sie die nächste M doppelt, [21 (22/23/24) M re, die nächste M doppelt] 4-mal, 20 (21/23/24) M re [133 (139/147/153) M].
Nächste Reihe: 4 M re, links bis zu den letzten 4 M, 4 M re.

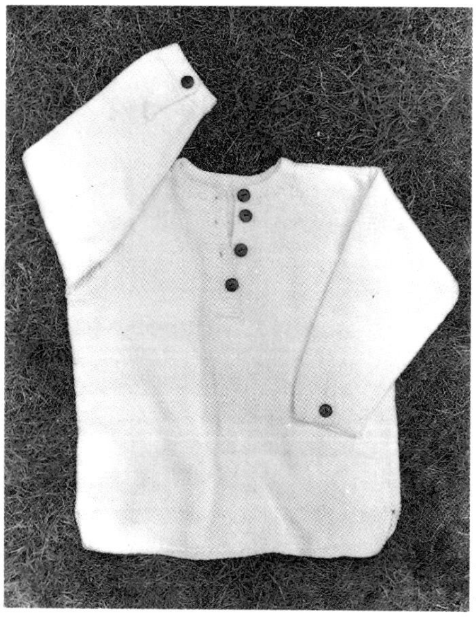

Nächste Reihe: 51 (54/58/61) M re, 1 M abh, 29 M re, 1 M abh, re bis zum Ende der R.
Wdh Sie diese 2 R, bis das Rückenteil 6 (7/7/8) cm misst. Die letzte R ist eine Rück-R.
Nächste Reihe: 51 (54/58/61) M re, 1 M abh, 29 M re, 1 M abh, re bis zum Ende der R.
Nächste Reihe: Li M.
Wdh Sie diese 2 R, bis das Rückenteil 30 (33/36/39) cm lang ist. Die letzte R ist eine Rück-R.
Armausschnitt
Ketten Sie jeweils 6 (6/8/8) M am Anfang der nächsten 2 R ab. Nehmen Sie dann beidseitig in den nächsten 5 R 1 M ab [111 (117/121/127) M]. Stricken Sie weiter, bis der Armausschnitt 8 (9/10/11) cm hoch ist; die letzte R ist eine Rück-R.
Nächste Reihe: 41 (44/46/49) M re, ketten Sie 29 M ab, re bis zum Ende der R.
Nächste Reihe: 40 (43/45/48) M li, 2 M li zusstr, li bis zum Ende der R [81(87/91/97) M]. Kennzeichnen Sie diese R beidseitig. Stricken Sie 3 R glatt re. Kennzeichnen Sie auch diese R beidseitig. Stricken Sie weitere 6 cm glatt re; die letzte R ist eine Rück-R.
Halsausschnitt
Nächste Reihe: 29 (31/32/34) M re, wenden. Beenden Sie zunächst diesen Teil. Nehmen Sie in den nächsten 4 R an der Halsseite 1 M ab [25 (27/28/30) M]. Stricken Sie weiter, bis der Armausschnitt 19 (20/21/22) cm hoch ist; die letzte R ist eine Rück-R. Ketten Sie die M ab. Setzen Sie die R auf der Vorderseite fort und legen Sie die mittleren 23 (25/27/29) M auf einem Maschenraffer still. Beenden Sie die R re. Beenden Sie diese Seite wie die erste.

Vorderteil

99 (105/113/119) M mit Nadeln Nr 2¾ anschlagen. Stricken Sie 5 R kraus re. Wechseln Sie zu Nadeln Nr. 3¼.

Zunahme-Reihe: 19 (21/21/23) M re, [nächste M doppelt, 19 (20/22/23) M re] bis zum Ende der R [103 (109/117/123) M].
Nächste Reihe: 4 M re, li bis zu den letzten 4 M, 4 M re.
Nächste Reihe: Re.
Wdh Sie diese 2 R, bis das Vorderteil 6 (7/7/8) cm hoch ist; die letzte R ist eine Rück-R.
Beginnen Sie mit 1 R re und stricken Sie glatt re über alle M, bis das Vorderteil 26 (29/32/35) cm lang ist. Die letzte R ist eine Rück-R.
Teilung für den Schlitz
Nächste Reihe: 48 (51/55/58) M re, wenden. Legen Sie die übrigen M auf einer Hilfsnadel still.
Beenden Sie zunächst diese Seite des Vorderteils.
Nächste Reihe: Schlagen Sie 7 M an, 7 M re, li bis zum Ende der R [55 (58/62/65) M].
Nächste Reihe: Re.
Nächste Reihe: 7 M re, li bis zum Ende der R.
Wdh Sie die letzten 2 R bis zum Armausschnitt. Die letzte R endet an der Seitenkante.
Armausschnitt
Ketten Sie 6 (6/8/8) M am Beginn der nächsten R ab. Stricken Sie 1 R. Nehmen Sie in den nächsten 5 R an der Armseite 1 M ab [44 (47/49/52) M]. Stricken Sie weiter, bis der Armausschnitt 11 (12/13/14) cm hoch ist; die letzte R endet an der Armseite.
Halsausschnitt
Nächste Reihe: Stricken Sie im Muster bis zu den letzten 12 (13/14/15) M, wenden; legen Sie die restlichen 12 (13/14/15) M auf einer Sicherheitsnadel still.
Nehmen Sie auf der Halsseite 1 M in jeder R ab, bis 25 (27/28/30) M übrig sind. Stricken Sie weiter, bis der Armausschnitt 14 (15/16/17) cm misst; die letzte R ist eine R li. Ketten Sie die M ab.
Kennzeichnen Sie auf der linken Seite des Vorderschlitzes die Position der 3 Knöpfe: der erste 4 (5/3/4) cm oberhalb der abgeketteten M, der letzte 3 (3/4/4) cm unterhalb des Halsausschnittes und der dritte in der Mitte zwischen beiden. Setzen Sie die R als Hinreihe fort, re M bis zum Ende der R.
Nächste Reihe: Li bis zu den letzten 7 M, 7 M re.
Nächste Reihe: Re.
Beenden Sie diese Seite wie die erste und arbeiten Sie an den markierten Stellen Knopflöcher.
Knopflochreihe (Hinreihe): 2 M re, 2 M re zusstr, 1 U, re bis zum Ende der R.

Linker Ärmel

52 (54/56/58) M mit Nadeln Nr. 2¾ anschlagen.
5 R kraus re.
Knopflochreihe: 2 M re, 2 M re zusstr, 1 U, re bis zum Ende der R.
5 R kraus re.
Wechseln Sie zu Nadeln Nr. 3¼.
Nächste Reihe: [6 (6/7/7) M re, nächste M doppelt] 5-mal, 2 (4/0/2) M re, wenden, [42 (44/45/47) M]. Beenden Sie zunächst diesen Teil.
Nächste Reihe: Li bis zu den letzten 2 M, 2 M re.
Nächste Reihe: Re.
Wdh Sie die letzten 2 R 8-mal, dann stricken Sie noch einmal die erste der zwei R. Gleichzeitig nehmen Sie 1 M am Anfang der 1. R und der 4 folgenden 4. R zu [47 (49/50/52) M]. Legen Sie diese M auf einer Hilfsnadel still. Setzen Sie das Ärmelbündchen in einer Hinreihe fort. Stricken Sie die verbliebenen 15 (15/16/16) M re.
Nächste Reihe: 2 M re, li bis zum Ende der R.
Nächste Reihe: Re.
Wdh Sie die letzten 2 R 8-mal und nehmen Sie am Ende der 1. R und 3-mal in den folgenden 4. R 1 M zu.
Nächste Reihe: Ketten Sie 2 M ab, li bis zur letzten M, die letzte M doppelt stricken [18 (18/19/19) M].
Nächste Reihe: Re bis zum Ende der R, dann re über die M der Hilfsnadel [65 (67/69/71) M].
** Beginnen Sie mit einer R li, stricken Sie glatt re weiter, nehmen Sie beidseitig in der 4. R und jeder folgenden 5. R 1 M zu, bis 85 (89/95/99) M auf der Nadel sind. Stricken Sie weiter, bis der Ärmel 28 (31/34/37) cm lang ist; die letzte R ist eine R li. Kennzeichnen Sie beide Seiten der letzten Reihe.
Stricken Sie weitere 8(8/10/10) R.
Armkugel
Nehmen Sie in den nächsten 4 R beidseitig 1 M ab. Die verbleibenden 77 (81/87/91) M abk.

Rechter Ärmel

52 (54/56/58) M mit Nadeln Nr. 2¾ anschlagen.
5 R re.
Knopflochreihe: Re bis zu den letzten 4 M, 1 U, 2 M re verschr. zusstr, 2 M re.
5 R re.
Nächste Reihe: 15 (15/16/16) M re, wenden. Beenden Sie zunächst diesen Teil der Arbeit.
Nächste Reihe: Li bis zu den letzten 2 M, 2 M re.
Nächste Reihe: Re.
Wdh Sie diese 2 R noch 8-mal und nehmen Sie gleichzeitig am Beginn der 1. R und der 3 folgenden 4. R 1 M zu.
Nächste Reihe: Stricken Sie die 1. M doppelt ab, li bis zu den letzten 2 M, ketten Sie diese M ab [18 (18/19/19) M].
Legen Sie die M auf einer Hilfsnadel still. Setzen Sie die Arbeit auf der Vorderseite des Ärmelbündchens fort [37 (39/40/42) M].
Nächste Reihe: 2 (4/0/2) M re, [nächste M doppelt, 6 (6/7/7) M re] 5-mal, [42 (44/45/47) M].
Nächste Reihe: 2 M re, li bis zum Ende der R.
Nächste Reihe: Re.
Wdh Sie diese 2 R noch 8-mal, dann stricken Sie die erste der 2 R noch einmal und nehmen beidseitig am Ende der 1. R und in den 4 folgenden 4. R 1 M zu [47 (49/50/52) M].
Nächste Reihe: Re bis zum Ende der R, dann re über die M der Hilfsnadel [65 (67/69/71) M].
Beenden Sie den Ärmel wie den rechten ab **.

Halsblende

Schließen Sie die Schulternähte.
Fassen Sie mit Nadeln Nr. 2¾ die M von der Sicherheitsnadel der re Halsausschnittseite auf. Nehmen Sie aus dem re Halsausschnitt 12 M auf und stricken sie re. Nehmen Sie aus dem rückwärtigen Halsausschnitt 10 M auf und stricken sie re, ebenso die mittleren M. Bei diesen M nehmen Sie gleichmäßig verteilt 3 M ab. Aus dem linken rückwärtigen Halsausschnitt nehmen Sie 10 M auf und 12 M aus dem li vorderen Halsausschnitt. Diese M werden alle re gestrickt. Dann stricken Sie 2 M re zusammen, die 10 (11/12/13) M der Sicherheitsnadel re [87 (91/95/99) M].
Nächste Reihe: Re bis zu den letzten 12 (13/14/15) M, 2 M re zusstr, re bis zum Ende der R.
2 R re. Stricken Sie die Knopflochreihe, wie beim Vorderteil beschrieben. 4 R re. Ketten Sie die M ab.

Fertigstellung

Legen Sie die Falte des Rückenteils und nähen Sie die abgeketteten M auf der linken Seite des Rückenteils fest. Nähen Sie die oberen Schlaufen der gekennzeichneten R auf der linken Seite des Rückenteils zusammen, damit sich auf der Vorderseite eine Rippe bildet. Setzen Sie die Ärmel ein. Die Reihen oberhalb der Markierung nähen Sie an die abgeketteten M des Armausschnittes. Schließen Sie die Seiten- und Ärmelnähte oberhalb des Bündchens. Nähen Sie die untere Kante der Knopflochblende von links an der Öffnung fest. Nähen Sie die zwei abgeketteten M der Ärmelöffnung von li fest. Nähen Sie die Knöpfe an. Häkeln Sie in Taillenhöhe eine Knopfschlaufe auf der linken Seite der Rückenfalte. Nähen Sie einen Knopf auf der anderen Seite an.

Pullover in strahlendem Weiß

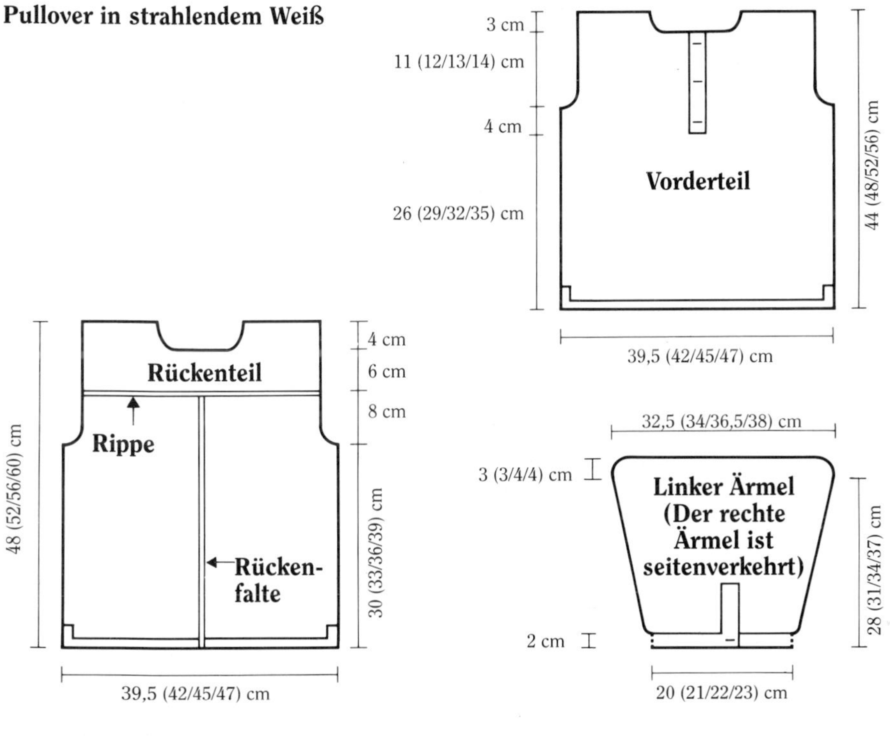

Danksagung der Autorin

Ich möchte folgenden Personen für ihre unschätzbare Hilfe danken: Pat Church, Tina Egleton, Penny Hill, Maisie Lawrence und Frances Wallace.
Besonders dankbar bin ich Tina Egleton für die Überprüfung der Muster, Sandra Lousada für die wunderschönen Fotografien und Marie Willey für das perfekte Styling. Ich möchte auch Will Brown für seine geduldige Unterstützung danken. Heather Jeeves, meine Agentin, unterstützte mich in jeder Weise.
Ein herzliches Dankeschön an folgende Kinder, ihre Mütter, Väter und Babysitter: Beau, Corby, Hannah, Harley, Isabella, Jamie, Jasmine, Jeanne, Josie, Katie, Mica, Mickey and Nell.

Die Requisiten und Örtlichkeiten wurden von Old Town, Norwich, zur Verfügung gestellt.

Bezugsadressen für Rowan-Garne

Rowan-Garne sind in vielen Woll-Fachgeschäften erhältlich. Falls Sie Schwierigkeiten haben sollten, sie zu bekommen, wenden Sie sich bitte an eine der nachfolgend aufgeführten Adressen:

UK: Rowan Yarns, Green Lane Mill
Holmfirth, West Yorkshire, England
HD7 1 RW
Tel: (00 44) 14 84/68 18 81

Belgien: Hedera
Pleinstraat 68
3001 Leuven
Tel: (00 32) 16/23 21 89

Dänemark: Designer Garn
Vesterbro 33A
DK-9000 Aalborg
Tel: (00 45) 98 13 48 24

Deutschland: Wolle und Design
Wolfshovener Straße 76
52428 Jülich
Tel: (0 24 61) 5 47 35

Niederlande: Henk & Henrietta Beukers
Dorpsstraat 9
NL 5327 AR Hurwenen
Tel: (00 31) 41 82/1764

Italien: La Compagnia del Cotone
Via Mazzini 44
I-10123 Torino
Tel: (00 39) 11/87 83 81